手把手教你学预算

安装工程

李志刚　主编

U0261362

中国铁道出版社

2013年·北京

内 容 提 要

本书从实际需求出发,以面广、实用、精练、方便查阅为原则。依据最新现行国家标准和行业标准进行编写,是一本能反映当代安装工程工程量清单计量计价的书籍。全书共三个部分,第一部分是工程计量,其主要内容包括:热力设备安装工程,静置设备与工艺金属结构制作安装工程,电气设备安装工程,通风空调工程,工业管道工程,消防工程,给排水、采暖、燃气工程,通信设备。第二部分是工程计价,其主要内容包括:建筑工程造价构成、建设工程计价方法和计价依据。第三部分的主要内容是工程计价清单综合计算实例。

本书可作为工程预算管理人员和计量计价人员的实际工作指导书,也可作为大中专院校和培训机构相关专业师生的学习参考书。

图书在版编目(CIP)数据

安装工程/李志刚主编 . —北京:中国铁道出版社,2013.9
(手把手教你学预算)
ISBN 978-7-113-17113-1

Ⅰ.①安… Ⅱ.①李… Ⅲ.①建筑安装—建筑预算定额
Ⅳ.①TU723.3

中国版本图书馆 CIP 数据核字(2013)第 181185 号

书　　名:	手把手教你学预算 **安装工程**	
作　　者:	李志刚	
策划编辑:	江新锡　　陈小刚	
责任编辑:	冯海燕	电话:010-51873193
封面设计:	郑春鹏	
责任校对:	马　丽	
责任印制:	郭向伟	

出版发行:中国铁道出版社(100054,北京市西城区右安门西街 8 号)
网　　址:http://www.tdpress.com
印　　刷:北京海淀五色花印刷厂
版　　次:2013 年 9 月第 1 版　2013 年 9 月第 1 次印刷
开　　本:787 mm×1 092 mm　1/16　印张:16.5　字数:413 千
书　　号:ISBN 978-7-113-17113-1
定　　价:40.00 元

前　言

2012年12月25日,中华人民共和国住房和城乡建设部发布了国家标准《建设工程工程量清单计价规范》(GB 50500—2013)和《房屋建筑与装饰工程工程量计算规范》(GB 50854—2013)、《仿古建筑工程工程量计算规范》(GB 50855—2013)、《通用安装工程工程量计算规范》(GB 50856—2013)、《市政工程工程量计算规范》(GB 50857—2013)、《园林绿化工程工程量计算规范》(GB 50858—2013)、《矿山工程工程量计算规范》(GB 50859—2013)、《构筑物工程工程量计算规范》(GB 50860—2013)、《城市轨道交通工程工程量计算规范》(GB 50861—2013)、《爆破工程工程量计算规范》(GB 50862—2013)等9本计量规范(简称"13规范"),此套规范替代《建设工程工程量清单计价规范》(GB 50500—2008)(简称"08规范"),并于2013年7月1日开始实施。

"13规范"与"08规范"相比,主要有以下几点变化。

(1)为了方便管理和使用,"13规范"将"计价规范"与"计量规范"分列,由原来的一本变成了现在的十本。

(2)相关法律等的变化,需要修改计价规范。例如《中华人民共和国社会保险法》的实施;《中华人民共和国建筑法》关于实行工伤保险,鼓励企业为从事危险作业的职工办理意外伤害保险的修订;国家发展和改革委员会、财政部关于取消工程定额测定费的规定等。

(3)"08规范"中一些不成熟条文经过实践,有的已经形成共识,如计价风险分担、物价波动的价格指数调整、招标控制价的投诉处理等,需要进入计价规范正文,增大执行效力。

(4)有的专业分类不明确,需要重新定义划分,"13规范"增补"城市轨道交通"、"爆破工程"等专业。

(5)随着科技的发展,为了满足计量、计价的需要,应增补新技术、新工艺、新材料的项目,同时,应删除技术规范已经淘汰的项目。

(6)对于个别定义的重新规定和划分。例如钢筋工程有关"搭接"的计算规定。

为了推动"13规范"的实施,帮助造价工作人员尽快了解和掌握新内容,提高实际操作水平,我们特别组织了有着丰富教学经验的专家、学者以及从事造价工作的造价工程师,依据"13规范"编写了《手把手教你学预算》系列丛书。

本丛书分为:《安装工程》;《房屋建筑工程》;《装饰装修工程》;《市政工程》;《园林工程》。

　　本丛书主要从工程量计算和工程计价两方面来阐述,内容紧跟"13规范",注重与实际相结合,以例题的形式将工程量计算等相关内容进行了系统的讲解。具有很强的针对性,便于读者有目标地学习。

　　本丛书的编写人员主要有李志刚、赵洪斌、尚晓峰、张新华、李利鸿、孙占红、宋迎迎、张正南、武旭日、王林海、赵洁、叶梁梁、张凌、乔芳芳、张婧芳、李仲杰、李芳芳、王文慧。

　　由于水平有限,加之编写时间仓促,书中的疏漏在所难免,敬请广大读者指正。

编　者

2013 年 6 月

目　　录

第一部分　工程计量

第一部分　工程计量

第一章　热力设备安装工程

第一节　中压锅炉本体设备安装

一、清单工程量计算规则（表 1-1-1）

表 1-1-1　中压锅炉本体设备安装工程量计算规则

项目编码	项目名称	项目特征	计量单位	工程量计算规则	工程内容
030201001	钢炉架	1.结构形式 2.蒸汽出率(t/h)	t	按制造厂设备安装图示质量计算	1.构件清点 2.安装
030201002	汽包	1.结构形式 2.蒸汽出率(t/h) 3.质量	台	按设计图示数量计算	1.汽包及其内部装置安装 2.外置式汽水分离器及连接管道安装 3.底座或吊架安装
030201003	水冷系统	1.结构形式 2.蒸汽出率(t/h)	t	按制造厂的设备安装图示质量计算	1.水冷壁组件安装 2.联箱安装 3.降水管、汽水引出管安装 4.支吊架、支座、固定装置安装 5.刚性梁及其联接件安装 6.炉水循环泵系统安装 7.循环硫化床锅炉的水冷风室安装

项目编码	项目名称	项目特征	计量单位	工程量计算规则	工程内容
030201004	过热系统	1.结构形式 2.蒸汽出率(t/h)	t	按制造厂的设备安装图示质量计算	1.蛇形管排及组件安装 2.顶棚管、包墙管安装 3.联箱、减温器、蒸汽联络管安装 4.联箱支座或吊杆、管排定位或支吊铁件安装 5.刚性梁及其联接件等安装
030201005	省煤器				1.蛇形管排组件安装 2.包墙及悬吊管安装 3.联箱、联络管安装 4.联箱支座、管排支吊铁件安装 5.防磨装置安装 6.管系支吊架安装
030201006	管式空气预热器	结构形式			1.设备供货范围内的部(组)件安装
030201007	回转式空气预热器	1.结构形式 2.转子直径 3.质量	台	按设计图示数量计算	2.检修平台安装 3.设备表面底漆修补
030201008	旋风分离器（循环流化床锅炉）	1.结构类型 2.直径	t	按制造厂的设备安装图示质量计算	1.外护板组合安装 2.水冷套组合安装 3.中心筒安装 4.非保温设备金属设备表面底漆修补

续上表

项目编码	项目名称	项目特征	计量单位	工程量计算规则	工程内容
030201009	本体管路系统	1.结构形式 2.蒸汽出率(t/h)	t	按制造厂的设备安装图示质量计算	1.锅炉本体设计图范围内属制造厂定型设计的系统管道安装 2.阀门、管件、表计安装 3.支吊架安装 4.吹灰器安装 5.非保温设备金属表面底漆修补
030201010	锅炉本体金属结构				1.锅炉本体的护板、内、外金属墙皮安装 2.联箱和炉顶的罩壳、构件及铁件安装 3.各类门孔和支吊装置等金属构件安装
030201011	锅炉本体平台扶梯				1.锅炉本体设备成套供应的平台、扶梯、栏杆及围护板安装 2.底漆修补
030201012	炉排及燃烧装置		套	按设计图示数量计算	1.35 t/h炉的炉排传动机组件安装 2.煤粉炉的燃烧器、喷嘴、点火油枪安装 3.循环硫化床锅炉的风帽安装
030201013	除渣装置		t	按制造厂的设备安装图示质量计算	1.除渣室安装 2.渣斗水封槽安装 3.循环硫化床锅炉的冷渣器安装 4.链条炉的碎渣机、输灰机安装

二、清单工程量计算

计算实例　锅炉本体

某大型锅炉房安装两台中压煤粉炉,如图 1-1-1 所示,计算该锅炉工程量。

图 1-1-1　中压煤粉炉

锅炉本体的工程量＝2(台)

第二节　中压锅炉风机安装

一、清单工程量计算规则(表 1-1-2)

表 1-1-2　中压锅炉风机安装工程量计算规则

项目编码	项目名称	项目特征	计量单位	工程量计算规则	工程内容
030203001	送、引风机	1.用途 2.名称 3.型号 4.规格	台	按设计图示数量计算	1.本体安装 2.电动机安装 3.附属系统安装 4.设备表面底漆修补

二、清单工程量计算

计算实例　送、引风机

某锅炉房安装 4 台离心式引风机,如图 1-1-2 所示,该引风机型号为 Y5－47,适用于燃用各种煤质并配有消烟除尘装置的 0.2～20 t/h 工业锅炉,只要进气条件相当,性能又相适应的机器,均可采用,但最高温度不得超过 250℃,计算该锅炉房引风机工程量。

图 1-1-2 引风机

引风机的工程量＝4(台)

第三节 中压锅炉除尘装置安装

一、清单工程量计算规则(表 1-1-3)

表 1-1-3 中压锅炉除尘装置安装工程量计算规则

项目编码	项目名称	项目特征	计量单位	工程量计算规则	工程内容
030204001	除尘器	1.名称 2.型号 3.结构形式 4.筒体直径 5.电感面积(m²)	台	按设计图示数量计算	1.本体安装 2.附件安装 3.附属系统安装 4.设备表面底漆修补

二、清单工程量计算

计算实例 除尘器

某锅炉房安装 2 台通用型锅炉,每台锅炉辅助设备除尘器如图 1-1-3 所示,计算除尘器工程量。

图 1-1-3 除尘器

除尘器的工程量＝2(台)

第四节　中压锅炉制粉系统安装

一、清单工程量计算规则(表 1-1-4)

表 1-1-4　中压锅炉制粉系统安装工程量计算规则

项目编码	项目名称	项目特征	计量单位	工程量计算规则	工程内容
030205001	磨煤机	1.名称 2.型号 3.出力	台	按设计图示数量计算	1.本体安装 2.传动设备、电动机安装 3.附属设备安装 4.油系统安装 5.钢球磨煤机的加钢球 6.平台、扶梯、栏杆及围栅安装 7.密封风机安装 8.设备表面底漆修补
030205002	给煤机				1.主机安装 2.减速机安装 3.电动机安装 4.附件安装
030205003	叶轮给粉机				1.主机安装 2.电动机安装
030205004	螺旋输粉机				1.主机安装 2.减速机、电动机安装 3.落粉管安装 4.闸门板安装

二、清单工程量计算

计算实例　磨煤机

某锅炉制粉系统如图 1-1-4 所示,计算磨煤机的工程量。

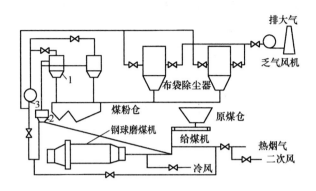

图 1-1-4　锅炉制粉系统图
1—细粉分离器;2—粗粉分离器;3—排粉机

磨煤机的工程量＝1(台)

第五节　中压锅炉烟、风、煤管道安装

一、清单工程量计算规则(表 1-1-5)

表 1-1-5　中压锅炉烟、风、煤管道安装工程量计算规则

项目编码	项目名称	项目特征	计量单位	工程量计算规则	工程内容
030206001	烟道	1.管道形状 2.管道断面尺寸 3.管壁厚度	t	按设计图示质量计算	1.管道安装 2.送粉管弯头浇灌防磨混凝土 3.风门、挡板安装 4.管道附件安装 5.支吊架组合、安装 6.附属设备安装 7.管道密封试验 8.非保温金属表面底漆修补
030206002	热风道				
030206003	冷风道				
030206004	制粉管道				
030206005	送粉管道				
030206006	原煤管道				

二、清单工程量计算

计算实例　冷风道

煤粉炉冷风道的安装示意图如图 1-1-5 所示,冷风道的计算范围为从吸风口起至送风机,包括风道各部件,即吸风口滤网、入孔门、送风机出口闸板、支吊架等部位,其总质量为 20.83 t。计算该煤粉炉冷风道的工程量。

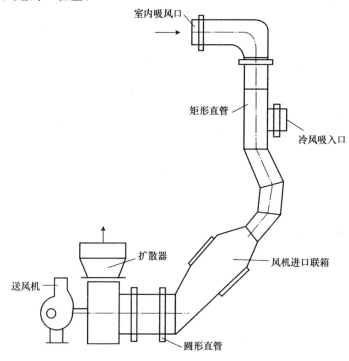

图 1-1-5　冷风道安装示意

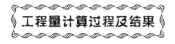

冷风道的工程量＝20.83(t)

第六节　中压锅炉其他辅助设备安装

一、清单工程量计算规则(表 1-1-6)

表 1-1-6　中压锅炉其他辅助设备安装工程量计算规则

项目编码	项目名称	项目特征	计量单位	工程量计算规则	工程内容
030207001	扩容器	1.名称、型号 2.出力(规格) 3.结构形式 4.质量	台	按设计图示数量计算	1.本体安装 2.附件安装 3.支架组合、安装

续上表

项目编码	项目名称	项目特征	计量单位	工程量计算规则	工程内容
030207002	消声器	1.名称、型号 2.出力(规格) 3.结构形式 4.质量	台	按设计图示数量计算	1.本体安装 2.支架组合、安装
030207003	暖风器		只		1.本体安装 2.框架组合、安装
030207004	测粉装置	1.名称、型号 2.标尺比例	套		1.本体安装 2.附件安装
030207005	煤粉分离器	1.结构类型 2.直径 3.质量	只		1.本体安装 2.操作装置安装 3.防爆门及人孔门安装

二、清单工程量计算

计算实例1　扩容器

某锅炉房采用2台定期排污扩容器1台,连续排污扩容器来回收热量,如图1-1-6和图1-1-7所示,其可充分利用排污水所含热量减少能源浪费,计算该锅炉房扩容器的工程量。

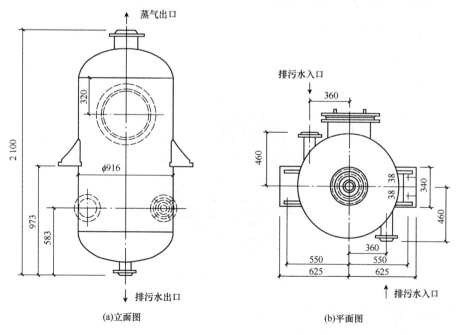

(a)立面图　　　　　(b)平面图

图1-1-6　定期排污扩容器示意图(单位:mm)

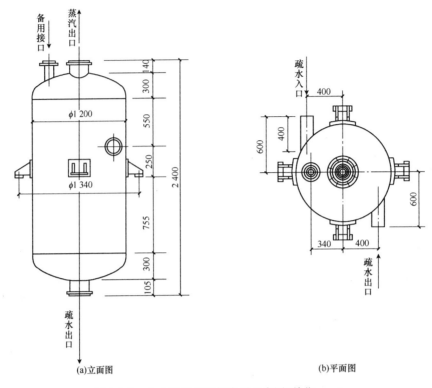

(a)立面图　　　　　　　　　　　　(b)平面图

图 1-1-7　立式连续排污扩容器示意图(单位:mm)

工程量计算过程及结果

(1)定期排污扩容器的工程量＝2(台)

(2)连续排污扩容器的工程量＝1(台)

计算实例 2　排汽消声器

某大型锅炉房为减小运行噪声设置消声器,如图 1-1-8 所示,该锅炉房共有锅炉 3 台,计算消声器工程量。

图 1-1-8　锅炉消声器

工程量计算过程及结果

消声器的工程量＝3(台)

计算实例 3　暖风器

某锅炉暖风机系统示意图如图 1-1-9 所示,计算暖风器工程量。

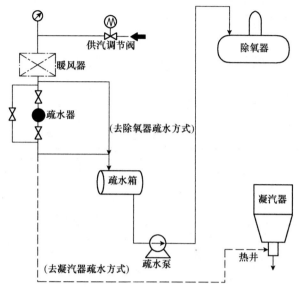

图 1-1-9　锅炉暖风机两种不同疏水系统设计示意图

§工程量计算过程及结果§

暖风器的工程量＝1(只)

计算实例 4　煤粉分离器

某煤粉粗细粉分离器各 3 台,如图 1-1-10 所示,其型号分别为:细粉分离器 ϕ2 150,重 3 700 kg;
粗粉分离器 ϕ2 800,重 2 660 kg,计算煤粉分离器工程量。

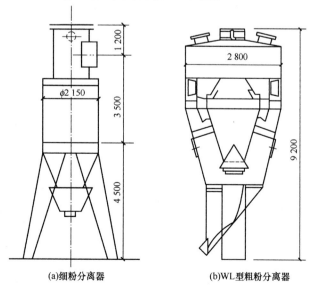

(a)细粉分离器　　　　　(b)WL型粗粉分离器

图 1-1-10　煤粉分离器示意图(单位:mm)

§工程量计算过程及结果§

(1)$\phi 2\,800$ 粗粉分离器的工程量＝3(台)

(2)$\phi 2\,150$ 细粉分离器的工程量＝3(台)

第七节 汽轮发电机本体安装

一、清单工程量计算规则(表 1-1-7)

表 1-1-7　汽轮发电机本体安装工程量计算规则

项目编码	项目名称	项目特征	计量单位	工程量计算规则	工程内容
030209001	汽轮机	1.结构形式 2.型号 3.质量	台	按设计图示数量计算	1.汽轮机本体安装 2.调速系统安装 3.主气门、联合气门安装 4.随本体设备成套供应的系统管道、管件、阀门安装 5.管道系统水压试验 6.非保温设备表面底漆修补
030209002	发电机、励磁机	1.结构形式 2.型号 3.发电机功率(MW) 4.质量			1.发电机本体安装 2.励磁机、副励磁机安装 3.抽真空系统安装 4.随本体设备成套供应的系统管道、管件、阀门安装 5.发电机整套风压试验 6.设备表面底漆修补

续上表

项目编码	项目名称	项目特征	计量单位	工程量计算规则	工程内容
030209003	汽轮发电机组空负荷试运	机组容量	台	按设计图示数量计算	1. 配合调试单位对各分系统调试 2. 分系统调试项目的系统恢复

二、清单工程量计算

计算实例　发电机、励磁机

某电厂有 2 台发电机，如图 1-1-11 所示，计算该发电机工程量。

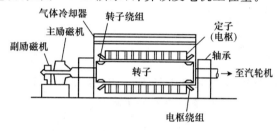

图 1-1-11　发电机示意图

《工程量计算过程及结果》

发电机的工程量＝2(台)

第八节　汽轮发电机辅助设备安装

一、清单工程量计算规则(表 1-1-8)

表 1-1-8　汽轮发电机辅助设备安装工程量计算规则

项目编码	项目名称	项目特征	计量单位	工程量计算规则	工程内容
030210001	凝汽器	1. 结构形式 2. 型号 3. 冷凝面积 4. 质量	台	按设计图示数量计算	1. 外壳组装 2. 铜管安装 3. 内部设备安装 4. 管件安装 5. 附件安装 6. 胶球清洗装置安装
030210002	加热器	1. 名称 2. 结构形式 3. 型号 4. 热交换面积 5. 质量			1. 本体安装 2. 附件安装 3. 支架组合、安装

续上表

项目编码	项目名称	项目特征	计量单位	工程量计算规则	工程内容
030210003	抽气器	1. 结构形式 2. 型号 3. 规格 4. 质量	台	按设计图示数量计算	1. 本体安装 2. 附件安装 3. 随设备供货的连接管道安装 4. 支吊架组合、安装 5. 设备表面底漆修补
03021004	油箱和油系统设备	1. 名称 2. 结构形式 3. 型号 4. 冷却面积 5. 油箱容积			

二、清单工程量计算

计算实例　凝汽器

某系统采用1台三压凝汽器,如图1-1-12所示,型号为 N－11220－1 型,其为三壳体单背压表面式双流程横向布置,计算该系统凝汽器的工程量。

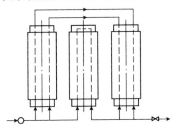

图 1-1-12　三压凝汽器示意图

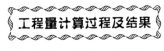

凝汽器的工程量＝1(台)

第九节　汽轮发电机附属设备安装

一、清单工程量计算规则(表 1-1-9)

表 1-1-9　汽轮发电机附属设备安装工程量计算规则

项目编码	项目名称	项目特征	计量单位	工程量计算规则	工程内容
030211001	除氧器及水箱	1. 结构形式 2. 型号 3. 水箱容积	台	按设计图示数量计算	1. 水箱本体及托架安装 2. 除氧器本体安装 3. 附件及平台安装

续上表

项目编码	项目名称	项目特征	计量单位	工程量计算规则	工程内容
030211002	电动给水泵	1.型号 2.功率	台	按设计图示数量计算	1.本体安装 2.附件安装 3.电动机安装 4.设备表面底漆修补
030211003	循环水泵				
030211004	凝结水泵				
030211005	机械真空泵				
030211006	循环水泵房入口设备	1.名称 2.型号 3.功率 4.尺寸			1.支承架组合安装 2.本体安装 3.附件安装 4.设备表面底漆修补

二、清单工程量计算

计算实例 1　循环水泵

某锅炉房的热水循环水泵流程示意图如图 1-1-13 所示,计算该锅炉房的循环水泵工程量。

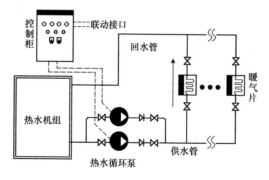

图 1-1-13　热水循环水泵流程示意图

§工程量计算过程及结果§

循环水泵的工程量＝2(台)

计算实例 2　凝结水泵

某汽轮机旁路系统流程示意图如图 1-1-14 所示,计算该系统中凝结水泵的工程量。

§工程量计算过程及结果§

凝结水泵的工程量＝1(台)

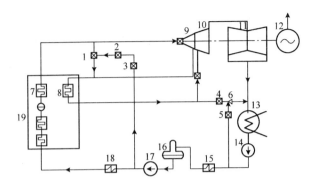

图 1-1-14　汽轮机旁路系统流程示意图

1—高旁减温减压阀；2—高旁喷水阀；3—高旁喷水截止阀；4—低旁减压阀；

5—低旁喷水阀；6—低旁减温器；7—过热器；8—再热器；9—汽机高压缸；

10—汽机中压缸；11—汽机低压缸；12—发电机；13—凝汽器；

14—凝结水泵；15—低压减热器；16—除氧器；17—给水泵；

18—高压加热器；19—锅炉

第十节　碎煤设备安装

一、清单工程量计算规则（表 1-1-10）

表 1-1-10　碎煤设备安装工程量计算规则

项目编码	项目名称	项目特征	计量单位	工程量计算规则	工程内容
030214001	反击式碎煤机	1. 型号 2. 功率	台	按设计图示数量计算	1. 本体安装 2. 电动机安装 3. 传动部件安装 4. 设备表面底漆修补
030214002	锤击式破碎机				
030214003	筛分设备	1. 名称 2. 型号 3. 规格			1. 本体安装 2. 电动机安装 3. 设备表面底漆修补

二、清单工程量计算

计算实例　反击式碎煤机

某电厂锅炉的煤破碎设备选用的是反击式碎煤机 1 台，如图 1-1-15 所示，计算反击式碎煤机的工程量。

图 1-1-15 反击式碎煤机

《工程量计算过程及结果》

反击式碎煤机的工程量＝1(台)

第十一节 上煤设备安装

一、清单工程量计算规则(表 1-1-11)

表 1-1-11 上煤设备安装工程量计算规则

项目编码	项目名称	项目特征	计量单位	工程量计算规则	工程内容
030215001	皮带机	1.型号 2.长度 3.皮带宽度	1.台 2.m	1.以台计量,按设计图示数量计算 2.以米计量,按设计图示长度计算	1.构架、托辊安装 2.头部、尾部安装 3.减速机安装 4.电动机安装 5.拉紧装置安装 6.皮带安装 7.附件安装 8.扶手、平台安装 9.设备表面底漆修补
030215002	配仓皮带机				1.皮带机安装 2.中间构架安装 3.附件安装 4.设备表面底漆修补

项目编码	项目名称	项目特征	计量单位	工程量计算规则	工程内容
030215003	输煤转运站落煤设备	1.型号 2.质量	套		1.落煤管安装 2.落煤斗安装 3.切换挡板安装 4.传动装置安装 5.设备表面底漆修补
030215004	皮带秤				1.安装 2.设备表面底漆修补
030215005	机械采样装置及除木器	1.名称 2.型号 3.规格		按设计图示数量计算	1.本体安装 2.减速机安装 3.电动机安装 4.设备表面底漆修补
030215006	电动犁式卸料器	1.型号 2.规格	台		1.犁煤器安装 2.落煤斗安装 3.电动推杆安装 4.设备表面底漆修补
030215007	电动卸料车	1.型号 2.规格 3.皮带宽度			1.卸煤车安装 2.减速机安装 3.电动机安装 4.电动推杆安装 5.落煤管安装 6.导煤槽安装 7.扶梯、栏杆组合、安装 8.设备表面底漆修补
030215008	电磁分离器	1.型号 2.结构形式 3.规格			1.本体安装 2.附属设备安装 3.附属构件安装

二、清单工程量计算

计算实例 皮带机

某工程皮带机构造图如图 1-1-16 所示,该工程皮带机共 12 套,皮带长 10 m,计算皮带机工程量。

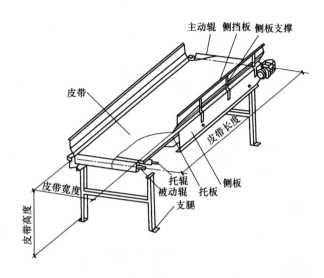

图 1-1-16 皮带机构造图

《工程量计算过程及结果》

皮带机的工程量＝12×10＝120(m)

第十二节 水力冲渣、冲灰设备安装

一、清单工程量计算规则(表 1-1-12)

表 1-1-12 水力冲渣、冲灰设备安装工程量计算规则

项目编码	项目名称	项目特征	计量单位	工程量计算规则	工程内容
030216001	捞渣机	1.型号 2.出力(t/h)	台	按设计图示数量计算	1.本体安装 2.减速机安装 3.电动机安装 4.附件安装 5.设备表面底漆修补
030216002	碎渣机				

续上表

项目编码	项目名称	项目特征	计量单位	工程量计算规则	工程内容
030216003	渣仓	1. 容积(m³) 2. 钢板厚度	t	按设计图示设备质量计算	1. 本体制作、安装 2. 附件及平台、扶梯的制作、安装 3. 设备表面底漆修补
030216004	水力喷射器	1. 型号 2. 出力(t/h)	台	按设计图示数量计算	1. 本体安装 2. 附件安装 3. 设备表面底漆修补
030216005	箱式冲灰器				
030216006	砾石过滤器	1. 型号 2. 直径			
030216007	空气斜槽	1. 型号 2. 长度 3. 宽度			1. 槽体、端盖板安装 2. 载气阀安装
030216008	灰渣沟插板门	1. 型号 2. 门孔尺寸(mm)	套		1. 本体安装 2. 内部组件安装 3. 电动机安装 4. 附件安装 5. 设备表面底漆修补
030216009	电动灰斗闸板门				
030216010	电动三通门				
030216011	锁气器	1. 型号 2. 出力(m³/h)	台		

二、清单工程量计算

计算实例　锁气器

某制粉系统中采用锁气器,如图 1-1-17 所示,其作用为只允许煤粉通过,而不允许气流通过,该仪器共有 1 台,为斜板式锁气器,计算该系统中锁气器的工程量。

§工程量计算过程及结果§

锁气器的工程量＝1(台)

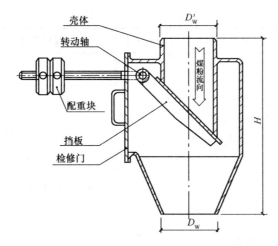

图 1-1-17 斜板式锁气器

第十三节 低压锅炉附属及辅助设备安装

一、清单工程量计算规则（表 1-1-13）

表 1-1-13 低压锅炉附属及辅助设备安装工程量计算规则

项目编码	项目名称	项目特征	计量单位	工程量计算规则	工程内容
030225001	除尘器	1. 名称 2. 型号 3. 规格 4. 质量	台	按设计图示数量计算	1. 本体安装 2. 附件安装 3. 非保温设备表面底漆修补
030225002	水处理设备	1. 名称 2. 型号 3. 出力（t/h）		按系统设计清单和设备制造厂供货范围计量	1. 浮动床钠离子交换器 2. 组合式水处理设备的本体安装 3. 内部组件安装 4. 附件安装 5. 填料 6. 非保温设备表面底漆修补
030225003	换热器	1. 型号 2. 质量		按设计图示数量计算	1. 本体安装 2. 管件、阀门、表计安装
030225004	输煤设备（上煤机）	1. 结构形式 2. 型号 3. 规格			1. 本体安装 2. 附属部件安装 3. 设备表面底漆修补

续上表

项目编码	项目名称	项目特征	计量单位	工程量计算规则	工程内容
030225005	除渣机	1. 型号 2. 输送长度 3. 出力（t/h）	台	按设计图示数量计算	1. 本体安装 2. 机槽安装 3. 传动装置安装 4. 附件安装 5. 设备表面底漆修补
030225006	齿轮式破碎机	1. 型号 2. 辊齿直径			1. 本体安装 2. 润滑系统安装 3. 液压管路安装 4. 附件安装 5. 设备表面底漆修补

二、清单工程量计算

计算实例 除尘器

某锅炉房配置 2 台旋风除尘器，如图 1-1-18 所示，内径 810 mm，计算除尘器工程量。

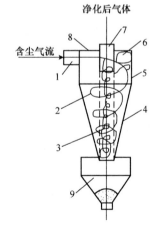

图 1-1-18 旋风除尘器结构示意图
1—进口管；2—外涡旋；3—内涡旋；4—锥体；5—筒体；
6—上涡旋；7—出口管；8—上顶盖；9—灰斗

§工程量计算过程及结果§

除尘器的工程量＝2(台)

第二章　静置设备与工艺金属结构 制作安装工程

第一节　静置设备制作

一、清单工程量计算规则（表 1-2-1）

表 1-2-1　静置设备制作工程量计算规则

项目编码	项目名称	项目特征	计量单位	工程量计算规则	工程内容
030301001	容器制作	1.名称 2.构造形式 3.材质 4.容积 5.规格 6.质量 7.压力等级 8.附件种类、规格及数量、材质 9.本体梯子、栏杆、扶手类型、质量 10.焊接方式 11.焊缝热处理设计要求	台	按设计图示数量计算	1.本体制作 2.附件制作 3.容器本体平台、梯子、栏杆、扶手制作、安装 4.预热、后热 5.压力试验
030301002	塔器制作	1.名称 2.构造形式 3.材质 4.质量 5.压力等级 6.附件种类、规格及数量、材质 7.本体梯子、栏杆、扶手类型、质量 8.焊接方式 9.焊缝热处理设计要求			1.本体制作 2.附件制作 3.塔本体平台、梯子、栏杆、扶手制作、安装 4.预热、后热 5.压力试验

续上表

项目编码	项目名称	项目特征	计量单位	工程量计算规则	工程内容
030301003	换热器制作	1. 名称 2. 构造形式 3. 材质 4. 质量 5. 压力等级 6. 附件种类、规格及数量、材质 7. 焊接方式 8. 焊缝热处理设计要求	台	按设计图示数量计算	1. 换热器制作 2. 接管制作与装配 3. 附件制作 4. 预热、后热 5. 压力试验

二、清单工程量计算

计算实例 1　塔器制作

某工厂玻璃钢填料塔如图 1-2-1 所示,直径为 2 500 mm,高 $H=40\,000$ mm,重 101.6 t,其以重量轻、强度高、耐腐蚀范围广、可设计性好等特点得到广泛应用,计算该工厂玻璃钢填料塔工程量。

图 1-2-1　玻璃钢填料塔

《工程量计算过程及结果》

玻璃钢填料塔的工程量＝1(台)

计算实例 2　换热器制作

某浮头式换热器结构示意图如图 1-2-2 所示,共制作该换热器 2 台,其规格:Ⅱ类;材质为 16MnR;换热管规格,$\phi 1.3 \times 2$;设计压力为 2.4 MPa;设计温度为 210℃,换热面积为 68 m²,总重 2 978 kg,管材重 1 026 kg;试验压力为 3.6 MPa,焊缝总长 21.5 m;探伤比数,比率为 24%,长度 5.6 m,射线拍片,纵缝 8 张(2.2 m),环缝 25 张(3.8 m)。计算换热器工程量。

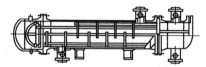

图 1-2-2　浮头式换热器结构示意图

换热器制作的工程量＝2(台)

第二节　静置设备安装

一、清单工程量计算规则(表 1-2-2)

表 1-2-2　静置设备安装工程量计算规则

项目编码	项目名称	项目特征	计量单位	工程量计算规则	工程内容
030302001	容器组装	1.名称 2.构造形式 3.到货状态 4.材质 5.质量 6.规格 7.内部构件名称 8.焊接方式 9.焊缝热处理设计要求	台	按设计图示数量计算	1.容器组装 2.内部构件组对 3.吊耳制作、安装 4.缝热处理 5.焊缝补漆
030302002	整体容器安装	1.名称 2.构造形式 3.质量 4.规格 5.压力试验设计要求 6.清洗地、脱脂、钝化设计要求 7.安装高度 8.灌浆配合比			1.安装 2.吊耳制作、安装 3.压力试验 4.清洗、脱脂、钝化 5.灌浆

项目编码	项目名称	项目特征	计量单位	工程量计算规则	工程内容
030302003	塔器组装	1.名称 2.构造形式 3.到货状态 4.材质 5.规格 6.质量 7.塔内固定件材质 8.塔盘结构类型 9.填充材料种类 10.焊接方式 11.焊缝热处理设计要求			1.塔器组装 2.塔盘安装 3.塔内固定件组对 4.吊耳制作、安装 5.焊缝热处理 6.设备填充 7.焊缝补漆
030302004	整体塔器安装	1.名称 2.构造形式 3.质量 4.规格 5.安装高度 6.压力试验设计要求 7.清洗、脱脂、钝化设计要求 8.塔盘结构类型 9.填充材料种类 10.灌浆配合比	台	按设计图示数量计算	1.塔器安装 2.吊耳制作、安装 3.塔盘安装 4.设备填充 5.压力试验 6.清洗、脱脂、钝化 7.灌浆
030302005	热交换器类设备安装	1.名称 2.构造形式 3.质量 4.安装高度 5.抽芯设计要求 6.灌浆配合比			1.安装 2.地面抽芯检查 3.灌浆
030302006	空气冷却器安装	1.名称 2.管束质量 3.风机质量 4.构架质量 5.灌浆配合比			1.管束(翅片)安装 2.构架安装 3.风机安装 4.灌浆

项目编码	项目名称	项目特征	计量单位	工程量计算规则	工程内容
030302007	反应器安装	1.名称 2.内部结构形式 3.质量 4.安装高度 5.灌浆配合比	台	按设计图示数量计算	1.安装 2.灌浆
030302008	催化裂化再生器安装	1.名称 2.安装高度 3.质量 4.龟甲网材料			1.安装 2.冲击试验 3.龟甲网安装
030302009	催化裂化沉降器安装				
030302010	催化裂化旋风分离器安装				1.安装 2.龟甲网安装
030302011	空气分馏塔安装	1.构造形式 2.安装高度 3.质量 4.规格型号 5.填充材料种类 6.灌浆配合比			1.安装 2.保冷材料填充 3.灌浆
030302012	电解槽安装	1.名称 2.构造形式 3.质量 4.底座材质			安装
030302013	电除雾器安装	1.名称 2.构造形式 3.壳体材料	套		
030302014	电除尘器安装	1.名称 2.壳体质量 3.内部结构 4.除尘面积	台		

二、清单工程量计算

计算实例 1　整体容器

某空气储气罐如图 1-2-3 所示,该设备共有 4 台,计算整体容器工程量。

图 1-2-3　空气储气罐

《工程量计算过程及结果》

空气储气罐的工程量＝4(台)

计算实例 2　分片、分段塔器

某化工厂组对安装 4 座乙烯塔,乙烯塔如图 1-2-4 所示,塔直径 3 m,总高 58 m(包括基座),单重 192 t(不包括塔盘及其他部件),塔体分三段到货,计算该分段塔器工程量。

图 1-2-4　乙烯塔

《工程量计算过程及结果》

乙烯塔的工程量＝4(台)

计算实例 3　整体塔器

某工厂将安装 2 座填料塔,如图 1-2-5 所示,规格为:直径 3 m,高 45 m,重 126.5 t,基础标高 6 m,用岩棉板做保温层,板厚 60 mm,设备填充 ϕ15 mm,填料方式为乱堆,共计 36 t,计算填料塔工程量。

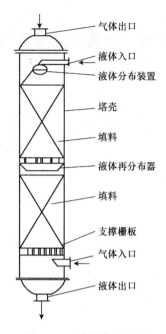

图 1-2-5 填料塔示意图

《工程量计算过程及结果》

填料塔的工程量＝2(台)

计算实例 4 催化裂化再生器

某工厂欲安装 3 套年产 140 万 t 的催化裂化再生装置,其工艺流程如图 1-2-6 所示。计算催化裂化再生器的工程量。

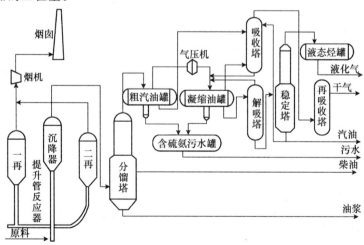

图 1-2-6 催化裂化工艺流程示意图

《工程量计算过程及结果》

催化裂化再生器的工程量＝3(台)

第三节 金属油罐制作安装

一、清单工程量计算规则(表 1-2-3)

表 1-2-3 金属油罐制作安装工程量计算规则

项目编码	项目名称	项目特征	计量单位	工程量计算规则	工程内容
030304001	拱顶罐制作安装	1.名称 2.构造形式 3.材质 4.容量 5.质量 6.本体梯子、平台栏杆类型、质量 7.安装位置 8.型钢圈材质 9.临时加固件材质 10.附件种类、规格及数量、材质 11.压力试验设计要求	台	按设计图示数量计算	1.罐本体制作、安装 2.型钢圈煨制 3.充水试验 4.卷板平直 5.拱顶罐临时加固件制作、安装与拆除 6.本体梯子、平台、栏杆制作安装 7.附件制作、安装
030304002	浮顶罐制作安装	1.名称 2.构造形式 3.材质 4.容积 5.质量 6.本体梯子、平台、栏杆类型、质量 7.安装位置 8.型钢圈材质 9.附件种类、规格及数量、材质 10.压力试验设计要求			1.罐本体制作、安装 2.型钢圈煨制 3.内浮顶罐充水试验 4.浮顶罐升降试验 5.卷板平直 6.浮顶罐组装加固 7.附件制作、安装 8.本体梯子、平台、栏杆制作安装
030304003	低温双壁金属罐制作安装				1.罐本体制作、安装 2.型钢圈煨制 3.内罐充水试验 4.内罐升降试验 5.外罐气密试验 6.卷板平直 7.双壁罐组装加固 8.附件制作、安装 9.本体梯子、平台、栏杆制作安装

项目编码	项目名称	项目特征	计量单位	工程量计算规则	工程内容
030304004	大型金属油罐制作安装	1.名称 2.材质 3.容积 4.质量 5.焊接方式 6.焊缝热处理技术要求 7.罐底中幅板连接形式 8.板幅调整尺寸 9.浮船及支柱构造形式 10.抗风圈与加强圈类型 11.附件种类、规格及数量、材质 12.本体盘梯、平台类型、质量 13.压力试验设计要求	座	按设计图示数量计算	1.底板、壁板预制安装 2.底板、壁板板幅调整 3.浮船船舱预制安装 4.浮船支柱预制安装 5.抗风圈、加强圈预制安装 6.附件制作安装 7.大型油罐充水试验 8.本体浮船升降试验 9.焊缝预热,壁板焊缝热处理 10.盘梯、平台制作安装 11.钢板卷材平卷平直
030304005	加热器制作安装	1.名称 2.加热器构造形式 3.蒸汽盘管管径 4.排管的长度 5.连接管主管长度 6.支座构造形式 7.压力试验设计要求	m	盘管式加热器按设计图示尺寸以长度计算;排管式加热器按配管长度范围计算	1.制作、安装 2.支座制作、安装 3.连接管制作、安装 4.压力试验

二、清单工程量计算

计算实例　拱顶罐制作、安装

某工程制作安装 3 台 2 000 m³ 拱顶油罐,如图 1-2-7 所示,计算其安装工程量。

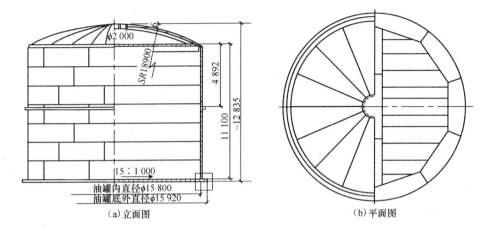

图 1-2-7 2 000 m³ 拱顶油罐外形示意图(单位:mm)

工程量计算过程及结果

2 000 m³ 拱顶油罐的工程量＝3(台)

第四节 球形罐组对安装

一、清单工程量计算规则(表 1-2-4)

表 1-2-4 球形罐组对安装工程量计算规则

项目编码	项目名称	项目特征	计量单位	工程量计算规则	工程内容
030305001	球型罐组对安装	1.名称 2.材质 3.球罐容量 4.球板厚度 5.本体质量 6.本体梯子、平台、栏杆类型、质量 7.焊接方式 8.焊缝热处理技术要求 9.压力试验设计要求 10.支柱耐火层材料 11.灌浆配合比	台	按设计图示数量计算	1.球形罐吊装、组对 2.产品试板试验 3.焊缝预热、后热 4.球形罐水压试验 5.球形罐气密性试验 6.基础灌浆 7.支柱耐火层施 8.本体梯子、平台、栏杆制作 安装

二、清单工程量计算

计算实例　球形罐组对安装

某化工厂需安装 5 台球形罐,如图 1-2-8 所示,其厚度为 36 mm,容积为 2 000 m³,总重 225 t,焊缝长 602 m,计算其安装工程量。

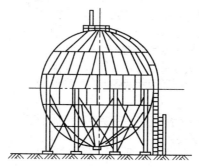

图 1-2-8　球形罐示意图

球形罐的工程量＝5(台)

第五节　气柜制作、安装

一、清单工程量计算规则(表 1-2-5)

表 1-2-5　气柜制作、安装工程量计算规则

项目编码	项目名称	项目特征	计量单位	工程量计算规则	工程内容
030306001	气柜制作安装	1.名称 2.构造形式 3.容量 4.质量 5.配重块材质、尺寸、质量 6.本体平台子、栏杆类型、质量 7.附件种类、规格及数量、材质 8.充水、气密、快速升降试验设计要求 9.焊缝热处理设计要求 10.灌浆配合比	座	按设计图示数量计算	1.气柜本体制作、安装 2.焊缝热处理 3.型钢圈煨制 4.配重块安装 5.气柜充水、气密、快速升降试验 6.平台、梯子、栏杆制作安装 7.附件制作安装 8.二次灌浆

二、清单工程量计算

计算实例 气柜制作、安装

某工程制作安装 2 座低压湿式螺旋式气柜,如图 1-2-9 所示,计算其安装工程量。

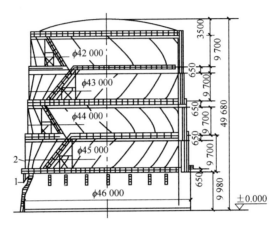

图 1-2-9 低压湿式螺旋式气柜示意图(单位:mm)

1—水槽;2—塔节

工程量计算过程及结果

低压湿式螺旋式气柜的工程量＝2(座)

第六节 工艺金属结构制作安装

一、清单工程量计算规则(表 1-2-6)

表 1-2-6 工艺金属结构制作安装工程量计算规则

项目编码	项目名称	项目特征	计量单位	工程量计算规则	工程内容
030307001	联合平台制作安装	1.名称 2.每组质量 3.平台板材质			
030307002	平台制作安装	1.名称 2.构造形式 3.每组质量 4.平台板材质	t	按设计图示尺寸以质量计算	制作、安装
030307003	梯子、栏杆、扶手制作安装	1.名称 2.构造形式 3.踏步材质			

续上表

项目编码	项目名称	项目特征	计量单位	工程量计算规则	工程内容
030307004	桁架、管廊、设备框架、单梁结构制作安装	1.名称 2.构造形式 3.桁架每组质量 4.管廊高度 5.设备框架跨度 6.灌浆配合比	t	按设计图示尺寸以质量计算	1.制作、安装 2.钢板组合型钢制作 3.二次灌浆
030307005	设备支架制作安装	1.名称 2.材质 3.支架每组质量			制作、安装
030307006	漏斗、料仓制作安装	1.名称 2.材质 3.漏斗形状 4.每组质量 5.灌浆配合比			1.制作、安装 2.型钢圈煨制 3.二次灌浆
030307007	烟囱、烟道制作安装	1.名称 2.材质 3.烟囱直径 4.烟道构造形式 5.灌浆配合比		按设计图示尺寸展开面积以质量计算	1.制作、安装 2.型钢圈煨制 3.二次灌浆 4.地锚埋设
030307008	火炬及排气筒制作安装	1.名称 2.构造形式 3.材质 4.质量 5.筒体直径 6.高度 7.灌浆配合比	座	按设计图示数量计算	1.筒体制作组对 2.塔架制作组装 3.火炬、塔架、筒体吊装 4.火炬头安装 5.二次灌浆

二、清单工程量计算

计算实例1　联合平台制作、安装

某工程需制作安装一套联合平台、梯子、栏杆,如图1-2-10所示,平台的结构为槽钢([12)焊成圆框架,护栏为圆钢(ϕ22)焊成,支撑为角钢(∟66×6)制成三角支撑;梯子由钢板作两侧板,圆钢(ϕ19)焊成踏步,圆钢(ϕ22)作扶手。

已知各层材料净重如下所述:

洗涤塔部分:3 m层平台重2 t,7 m层平台重2 t,11 m层平台重2 t,15 m层平台重1 t,

19 m平台重 1.2 t,21 m 层护栏架重 0.38 t,塔顶平台重 0.23 t。

除焦油器部分:5 m层平台重 1 t,8 m 层平台重 2 t,12.20 m 层平台重 2 t,7 m 层到 8 m 层的走台重 0.8 t,11 m 层到 12.20 m 层走台重 0.9 t,梯子每座重 0.3 t。

计算该工程联合平台制作、安装工程量。

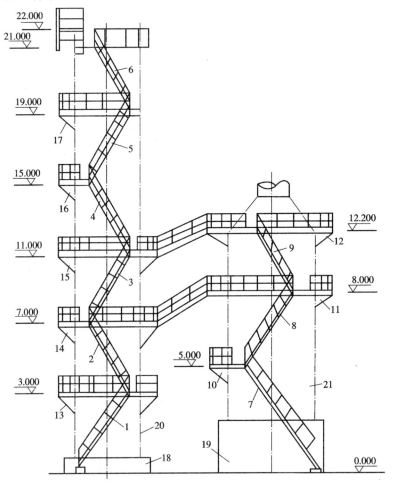

图 1-2-10　联合平台、梯子、栏杆示意

1、2、3、4、5、6、7、8、9—斜梯;10、11、12、13、14、15、16、17—支撑;

18—洗涤塔基础;19—静电除焦油器基础;20—洗涤塔;21—静电除焦油器

《工程量计算过程及结果》

(1)平台制作、安装工程量 = 2+2+2+1+1.2+0.23+1+2+2+0.8+0.9 = 15.13(t)

(2)梯子、栏杆工程量 = 0.38+0.3×9 = 3.08(t)

联合平台的工程量 = (15.13+3.08) = 18.21(t)

计算实例 2　火炬及排气筒制作、安装

某化工厂制作安装 4 座火炬筒,如图 1-2-11 所示。塔架为钢管制作,重 78 t,高度 92 m, 计算火炬筒的工程量。

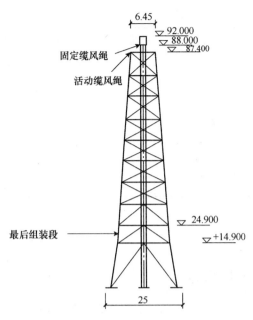

图 1-2-11　火炬筒示意图(单位:m)

工程量计算过程及结果

火炬筒的工程量＝4(座)

第七节　无损检验

一、清单工程量计算规则(表 1-2-7)

表 1-2-7　无损检验工程量计算规则

项目编码	项目名称	项目特征	计量单位	工程量计算规则	工程内容
030310001	X 射线探伤	1.名称 2.板厚 3.底片规格	张	按规范或设计要求计算	无损检验
030310002	γ 射线探伤				
030310003	超声波探伤	1.名称 2.部位 3.板厚	1.m 2.m²	1.金属板材对接焊缝、周边超声波探伤按长度计算 2.板面超声波探伤检测按面积计算	1.对接焊缝、板面、板材周边超声波探伤 2.对比试块制作
030310004	磁粉探伤	1.名称 2.部位		1.金属板材周边磁粉探伤按长度计算 2.板面磁粉探伤按面积计算	1.板材周边、板面磁粉探伤 2.被检工件退磁

续上表

项目编码	项目名称	项目特征	计量单位	工程量计算规则	工程内容
030310005	渗透探伤	1. 名称 2. 方式	m	按设计图示数量以长度计算	渗透探伤
030310006	整体 热处理	1. 设备名称 2. 设备质量 3. 容积 4. 加热方式	台	按设计图示数量计算	1. 整体热处理 2. 硬度测定

二、清单工程量计算

计算实例　X射线无损检验

某容器探伤位置示意如图 1-2-12 所示,该容器直径 5 m,长度 20 m,板厚 10 mm,椭圆形封头,设计规定探伤方法:X射线透照 20%,共 144 张,超声波探伤 40%。计算其探伤工程量。

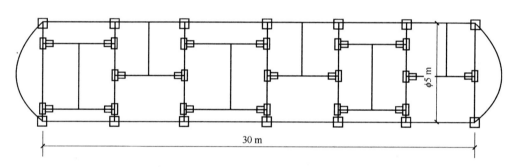

图 1-2-12　容器探伤位置示意

X射线探伤的工程量＝144(张)

第三章　电气设备安装工程

第一节　变压器安装

一、清单工程量计算规则（表 1-3-1）

表 1-3-1　变压器安装工程量计算规则

项目编码	项目名称	项目特征	计量单位	工程量计算规则	工程内容
030401001	油浸电力变压器	1.名称 2.型号 3.容量(kVA) 4.电压(kV) 5.油过滤要求 6.干燥要求 7.基础型钢形式、规格 8.网门、保护门材质、规格 9.温控箱型号、规格	台	按设计图示数量计算	1.本体安装 2.基础型钢制作、安装 3.油过滤 4.干燥 5.接地 6.网门、保护门制作、安装 7.补刷(喷)油漆
030401002	干式变压器				1.本体安装 2.基础型钢制作、安装 3.温控箱安装 4.接地 5.网门、保护门制作、安装 6.补刷(喷)油漆
030401003	整流变压器	1.名称 2.型号 3.容量(kVA) 4.电压(kV) 5.油过滤要求 6.干燥要求 7.基础型钢形式、规格 8.网门、保护门材质、规格			1.本体安装 2.基础型钢制作、安装 3.油过滤 4.干燥 5.网门、保护门制作、安装 6.补刷(喷)油漆
030401004	自耦变压器				
030401005	有载调压变压器				

项目编码	项目名称	项目特征	计量单位	工程量计算规则	工程内容
030401006	电弧变压器	1.名称 2.型号 3.容量(kVA) 4.电压(kV) 5.基础型钢形式、规格 6.网门、保护门材质、规格油漆	台	按设计图示数量计算	1.本体安装 2.基础型钢制作、安装 3.网门、保护门制作、安装 4.补刷(喷)油漆
030401007	消弧线圈	1.名称 2.型号 3.容量(kVA) 4.电压(kV) 5.油过滤要求 6.干燥要求 7.基础型钢形式、规格			1.本体安装 2.基础型钢制作、安装 3.油过滤 4.干燥 5.补刷(喷)油漆

二、清单工程量计算

计算实例　干式变压器

某工程采用干式变压器,如图 1-3-1 所示,该工程共有此种变压器 8 台,计算变压器工程量。

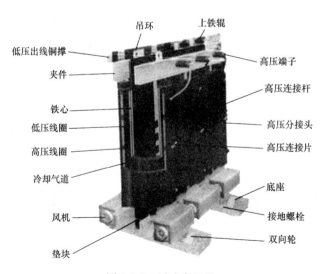

图 1-3-1　干式变压器

工程量计算过程及结果

干式变压器的工程量＝8(台)

第二节 母 线 安 装

一、清单工程量计算规则(表 1-3-2)

表 1-3-2 母线安装工程量计算规则

项目编码	项目名称	项目特征	计量单位	工程量计算规则	工程内容
030403001	软母线	1.名称 2.材质 3.型号 4.规格 5.绝缘子类型、规格			1.母线安装 2.绝缘子耐压试验 3.跳线安装 4.绝缘子安装
030403002	组合软母线				
030403003	带形母线	1.名称 2.型号 3.规格 4.材质 5.绝缘子类型、规格 6.穿墙套管材质、规格 7.穿通板材质、规格 8.母线桥材质、规格 9.引下线材质、规格 10.伸缩节、过渡板材质、规格 11.分相漆品种	m	按设计图示尺寸以单相长度计算(含预留长度)	1.母线安装 2.穿通板制作、安装 3.支持绝缘子、穿墙套管的耐压试验、安装 4.引下线安装 5.伸缩节安装 6.过渡板安装 7.刷分相漆
030403004	槽形母线	1.名称 2.型号 3.规格 4.材质 5.连接设备名称规格 6.分相漆品种			1.母线制作、安装 2.与发电机、变压器连接 3.与断路器、隔离开关连接 4.刷分相漆

项目编码	项目名称	项目特征	计量单位	工程量计算规则	工程内容
030403005	共箱母线	1.名称 2.型号 3.规格 4.材质	m	按设计图示尺寸以中心线长度计算	1.母线安装 2.补刷(喷)油漆
030403006	低压封闭式插线母线槽	1.名称 2.型号 3.规格 4.容量(A) 5.线制 6.安装部位			
030403007	始端箱 分线箱	1.名称 2.型号 3.规格 4.容量(A)	台	按设计图示数量计算	1.本体安装 2.补刷(喷)油漆
030403008	重型母线	1.名称 2.型号 3.规格 4.容量(A) 5.材质 6.绝缘子类型、规格 7.伸缩器及导板规格	t	按设计图示尺寸以质量计算	1.母线制作、安装 2.伸缩器及导板制作、安装 3.支持绝缘安装 4.补刷(喷)油漆

二、母线安装清单工程量计算

计算实例　组合软母线

某工程需要跨度为 55 m 的组合软母线 3 根,计算组合软母线的工程量。

《工程量计算过程及结果》

组合软母线的工程量=3×55=165(m)

第三节　控制设备及低压电器安装

一、清单工程量计算规则(表 1-3-3)

表 1-3-3　控制设备及低压电器安装工程量计算规则

项目编码	项目名称	项目特征	计量单位	工程量计算规则	工程内容
030404001	控制屏	1. 名称 2. 型号 3. 规格 4. 种类 5. 基础型钢形式、规格 6. 接线端子材质、规格 7. 端子板外部接线材质、规格 8. 小母线材质、规格 9. 屏边规格	台	按设计图示数量计算	1. 本体安装 2. 基础型钢制作、安装 3. 端子板安装 4. 焊、压接线端子 5. 盘柜配线、端子接线 6. 小母线安装 7. 屏边安装 8. 补刷(喷)油漆 9. 接地
030404002	继电、信号屏				
030404003	模拟屏				
030404004	低压开关柜(屏)				1. 本体安装 2. 基础型钢制作、安装 3. 端子板安装 4. 焊、压接线端子 5. 盘柜配线、端子接线 6. 屏边安装 7. 补刷(喷)油漆 8. 接地
030404005	弱电控制返回屏				1. 本体安装 2. 基础型钢制作、安装 3. 端子板安装 4. 焊、压接线端子 5. 盘柜配线、端子接线 6. 小母线安装 7. 屏边安装 8. 补刷(喷)油漆 9. 接地

项目编码	项目名称	项目特征	计量单位	工程量计算规则	工程内容
030404006	箱式配电室	1.名称 2.型号 3.规格 4.质量 5.基础规格、浇筑材质 6.基础型钢形式、规格	套	按设计图示数量计算	1.本体安装 2.基础型钢制作、安装 3.基础浇筑 4.补刷（喷）油漆 5.接地
030404007	硅整流柜	1.名称 2.型号 3.规格 4.容量（A） 5.基础型钢形式、规格			1.本体安装 2.基础型钢制作安装 3.补刷（喷）油漆 4.接地
030404008	可控硅柜	1.名称 2.型号 3.规格 4.容量（kW） 5.基础型钢形式、规格			
030404009	低压电容器柜		台		1.本体安装 2.基础型钢制作、安装 3.端子板安装 4.焊、压接线端子 5.盘柜配线、端子接线 6.小母线安装 7.屏边安装 8.补刷（喷）油漆 9.接地
030404010	自动调节励磁屏	1.名称 2.型号 3.规格 4.基础型钢形式、规格 5.接线端子材质、规格 6.端子板外部接线材质、规格 7.小母线材质、规格 8.屏边规格			
030404011	励磁灭磁屏				
030404012	蓄电池屏（柜）				
030404013	直流馈电屏				
030404014	事故照明切换屏				

项目编码	项目名称	项目特征	计量单位	工程量计算规则	工程内容
030404015	控制台	1.名称 2.型号 3.规格 4.基础型钢形式、规格 5.接线端子材质、规格 6.端子板外部接线材质、规格 7.小母线材质、规格	台	按设计图示数量计算	1.本体安装 2.基础型钢制作、安装 3.端子板安装 4.焊、压接线端子 5.盘柜配线、端子接线 6.小母线安装 7.补刷(喷)油漆 8.接地
030404016	控制箱	1.名称 2.型号 3.规格 4.基础形式、材质、规格 5.接线端子材质、规格 6.端子板外部接线材质、规格 7.安装方式			1.本体安装 2.基础型钢制作、安装 3.焊、压接线端子 4.补刷(喷)油漆 5.接地
030404017	配电箱				
030404018	插座箱	1.名称 2.型号 3.规格 4.安装方式			1.本体安装 2.接地
030404019	控制开关	1.名称 2.型号 3.规格 4.接线端子材质、规格 5.额定电流(A)	个		1.本体安装 2.焊、压接线端子 3.接线
030404020	低压断容器	1.名称 2.型号 3.规格 4.接线端子材质、规格			
030404021	限位开关				
030404022	控制器		台		
030404023	接触器				

续上表

项目编码	项目名称	项目特征	计量单位	工程量计算规则	工程内容
030404024	磁力启动器	1.名称 2.型号 3.规格 4.接线端子材质、规格	台	按设计图示数量计算	1.本体安装 2.焊、压接线端子 3.接线
030404025	Y—△自耦减压启动器				
030404026	电磁铁（电磁制动器）				
030404027	快速自动开关				
030404028	电阻器		箱		
030404029	油浸频敏变阻器		台		
030404030	分流器	1.名称 2.型号 3.规格 4.容量(A) 5.接线端子材质、规格	个		
030404031	小电器	1.名称 2.型号 3.规格 4.接线端子材质、规格	个（套、台）		
030404032	端子箱	1.名称 2.型号 3.规格 4.安装部位	台		1.本体安装 2.接线
030404033	风扇	1.名称 2.型号 3.规格 4.安装方式			1.本体安装 2.调速开关安装

续上表

项目编码	项目名称	项目特征	计量单位	工程量计算规则	工程内容
030404034	照明开关	1.名称 2.材质 3.规格 4.安装方式	个	按设计图示数量计算	1.本体安装 2.接线
030404035	插座				
030404036	其他电器	1.名称 2.规格 3.安装方式	个 (套、台)		1.安装 2.接线

二、清单工程量计算

计算实例 1　低压开关柜

某水泵站电气安装工程如图 1-3-2 所示。

(1)配电室内设有 5 台 PGL 型低压开关柜,如图 1-3-3 所示,其尺寸(宽×高×厚)为 1 000 mm×2 000 mm×600 mm,安装在 10 号基础槽钢上。

(2)电缆沟内设 15 个电缆支架,支架尺寸如图 1-3-4 所示。

(3)三台水泵动力电缆 D1、D2、D3 分别由 PGL2、PGL3、PGL4 低压开关柜引出,沿电缆沟内支架敷设,出电缆沟再改穿埋地钢管(钢管埋地深度为 0.2 m)配至 1 号、2 号、3 号水泵动力电动机,水泵管口距地面 1 m。其中:D1、D2、D3 回路,沟内电缆水平长度分别为 2 m、3 m、4 m;配管长度分别为 15 m、14 m、13 m。连接水泵电动机处电缆预留长度按 0.1 m 计。

(4)嵌装式照明配电箱 MX,其尺寸(宽×高×厚)为 500 mm×400 mm×220 mm(箱底标高+1.40 m)。

(5)水泵房内设吸顶式工厂罩灯,由配电箱 MX 集中控制,BV2.5 mm² 穿 φ15 mm 塑料管,顶板暗配。顶管敷管标高为+3.00 m。

(6)配管水平长度见图示括号内数字,单位为 m。

计算低压开关柜工程量。

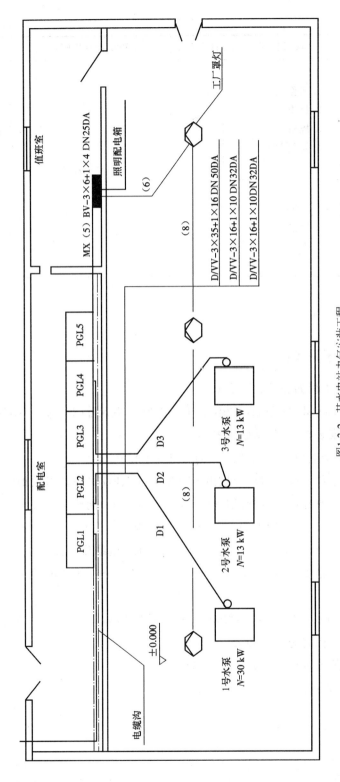

图1-3-2 某水电站电气安装工程

注: 1. 角钢50×50×5单位/m,重量3.77 kN/m。
     2. 角钢30×30×4单位重量1.79 kN/m。

图 1-3-3 PGL 型低压开关柜

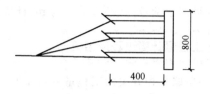
图 1-3-4 电缆支架尺寸示意图(单位:mm)

《工程量计算过程及结果》

PGL 型低压开关柜的工程量＝5(台)

计算实例 2 配电箱

某一梯两户嵌墙式木板照明配电箱如图 1-3-5 所示,该工程共 6 个单元,每个单元共 12 户,木板厚均为 10 mm,电气主接线系统每户两个供电回路,即照明回路与插座回路,楼梯照明由单元配电箱供电,本照明配电箱不予考虑,计算配电箱工程量。

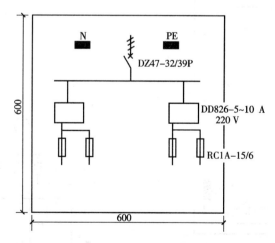
图 1-3-5 一梯两户嵌墙式木板照明配电箱(单位:mm)

《工程量计算过程及结果》

配电箱的工程量＝6×12＝72(台)

计算实例 3　控制开关

某贵宾室照明系统中一回路如图 1-3-6 所示,照明配电箱 AZM 尺寸为 300 mm×200 mm×120 mm(宽×高×厚),电源由本层总配电箱引来,配电箱为嵌入式安装,箱底标高 1.6 m;室内中间装饰灯为 XDCZ-50,8×100 W,四周装饰灯为 FZS-164,1×100 W,两者均为吸顶安装;单联、三联单控开关均为 10 A,250 V,均暗装,安装高度为 1.4 m,两排风扇为 300 mm×300 mm,1×60 W,吸顶安装;管路均为 20 镀锌钢管沿墙、顶板暗配,顶管敷管标高为 4.50 m,管内穿阻燃绝缘导线 ZR-BV-500,1.5 mm²;开关控制装饰灯 FZS-164 为隔一控一;配管水平长度见图示括号内数字,单位为 m,计算控制开关的工程量。

§工程量计算过程及结果§

(1)单联单控开关的工程量＝1(个)
(2)三联单控开关的工程量＝1(个)

计算实例 4　低压熔断器

某工厂采用多组低压熔断器连接方式,如图 1-3-7 所示,该方式可靠性高,停电面积小,熔断器保护灵敏度高,计算低压熔断器工程量。

§工程量计算过程及结果§

低压熔断器的工程量＝4(个)

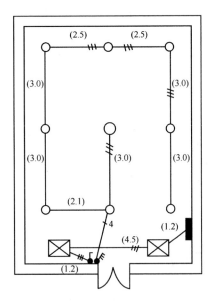

图 1-3-6　照明平面图

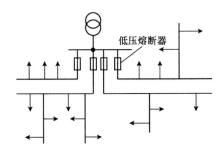

图 1-3-7　多组低压熔断器连接方式

第四节 电机检查接线及调试

一、清单工程量计算规则(表 1-3-4)

表 1-3-4 电机检查接线及调试工程量计算规则

项目编码	项目名称	项目特征	计量单位	工程量计算规则	工程内容
030406001	发电机	1.名称 2.型号 3.容量(kW) 4.接线端子材质、规格 5.干燥要求	台	按设计图示数量计算	1.检查接线 2.接地 3.干燥 4.调试
030406002	调相机				
030406003	普通小型直流电动机				
030406004	可控硅调速直流电动机	1.名称 2.型号 3.容量(kW) 4.类型 5.接线端子材质、规格 6.干燥要求			
030406005	普通交流同步电动机	1.名称 2.型号 3.容量(kW) 4.启动方式 5.电压等级(kV) 6.接线端子材质、规格 7.干燥要求			
030406006	低压交流异步电动机	1.名称 2.型号 3.容量(kW) 4.控制保护方式 5.接线端子材质、规格 6.干燥要求			

项目编码	项目名称	项目特征	计量单位	工程量计算规则	工程内容
030406007	高压交流异步电动机	1.名称 2.型号 3.容量(kW) 4.保护类别 5.接线端子材质、规格 6.干燥要求	台		1.检查接线 2.接地 3.干燥 4.调试
030406008	交流变频调速电动机	1.名称 2.型号 3.容量(kW) 4.类别 5.接线端子材质、规格 6.干燥要求			
030406009	微型电机电加热器	1.名称 2.型号 3.规格 4.接线端子材质、规格 5.干燥要求		按设计图示数量计算	
030406010	电动机组	1.名称 2.型号 3.电动机台数 4.联锁台数 5.接线端子材质、规格 6.干燥要求	组		
030406011	备用励磁机组	1.名称 2.型号 3.接线端子材质、规格 4.干燥要求			
030406012	励磁电阻器	1.名称 2.型号 3.规格 4.接线端子材质、规格 5.干燥要求	台		1.本体安装 2.检查接线 3.干燥

二、清单工程量计算

计算实例 低压交流异步电动机

低压交流异步电动机示意图如图 1-3-8 所示,各设备由 HHK、QZ、QC 控制,分别计算电动机工程量。

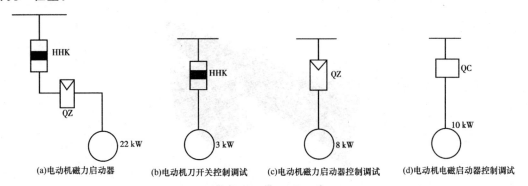

(a)电动机磁力启动器   (b)电动机刀开关控制调试   (c)电动机磁力启动器控制调试   (d)电动机电磁启动器控制调试

图 1-3-8 低压交流异步电动机示意

《工程量计算过程及结果》

(1)电动机磁力启动器控制调试的工程量＝1(台)

电动机检查接线 22 kW 的工程量＝1(台)

(2)电动机刀开关控制调试的工程量＝1(台)

电动机检查接线 3 kW 的工程量＝1(台)

(3)电动机磁力启动器控制调试的工程量＝1(台)

电动机检查接线 8 kW 的工程量＝1(台)

(4)电动机电磁启动器控制调试的工程量＝1(台)

电动机检查接线 10 kW 的工程量＝1(台)

第五节　滑触线装置安装

一、清单工程量计算规则(表 1-3-5)

表 1-3-5　滑触线装置安装工程量计算规则

项目编码	项目名称	项目特征	计量单位	工程量计算规则	工程内容
030407001	滑触线	1.名称 2.型号 3.规格 4.材质 5.支架形式、材质 6.移动软电缆材质、规格、安装部位 7.拉紧装置类 8.伸缩接头材质、规格	m	按设计图示尺寸以单相长度计算(含预留长度)	1.滑触线安装 2.滑触线支架制作、安装 3.拉紧装置及挂式支持器制作、安装 4.移动软电缆安装 5.伸缩接头制作、安装

二、清单工程量计算

计算实例　滑触线

某车间电气动力工程安装滑触线,如图 1-3-9 所示,滑触线共长 9.9 m,两端预留长度为 1.5 m,计算滑触线的工程量。

图 1-3-9　滑触线局部图

《工程量计算过程及结果》

滑触线的工程量＝9.9＋1.5＋1.5＝12.9(m)

第六节　电 缆 安 装

一、清单工程量计算规则(表 1-3-6)

表 1-3-6　电缆安装工程量计算规则

项目编码	项目名称	项目特征	计量单位	工程量计算规则	工程内容
030408001	电力电缆	1.名称 2.型号 3.规格 4.材质	m	按设计图示尺寸以长度计算(含预留长度及附加长度)	1.电缆敷设 2.揭(盖)盖板
030408002	控制电缆	5.敷设方式、部位 6.电压等级(kV) 7.地形			
030408003	电缆保护管	1.名称 2.材质 3.规格 4.敷设方式		按设计图示尺寸以长度计算	保护管敷设
030408004	电缆槽盒	1.名称 2.材质 3.规格 4.型号			槽盒安装

项目编码	项目名称	项目特征	计量单位	工程量计算规则	工程内容
030408005	铺砂、保护板（砖）	1.种类 2.规格	m	按设计图示尺寸以长度计算	1.铺砂 2.盖板(砖)
030408006	电力电缆头	1.名称 2.型号 3.规格 4.材质、类型 5.安装部位 6.电压等级(kV)	个	按设计图示数量计算	1.电力电缆头制作 2.电力电缆头安装 3.接地
030408007	控制电缆头	1.名称 2.材质 3.规格 4.安装形式 5.混凝土块标号			
030408008	防火堵洞		处	按设计图示数量计算	安装
030408009	防火隔板	1.名称 2.材质 3.方式 4.部位	m²	按设计图示尺寸以面积计算	
030408010	防火涂料		kg	按设计图示尺寸以质量计算	
030408011	电缆分支箱	1.名称 2.型号 3.规格 4.基础形式、材质、规格	台	按设计图示数量计算	1.本体安装 2.基础制作、安装

二、清单工程量计算

计算实例 电力电缆

某电缆敷设示意图,如图 1-3-10 所示,其中电缆自 N_1 电杆引下埋设至 N_1 号厂房 N_1 动力箱,动力箱为 XL(F)－15－0042,高 1.7 m,宽 0.7 m,箱距地面高为 0.4 m,每端备用长度为 2.28 m,埋深为 0.8 m,计算电缆的工程量。

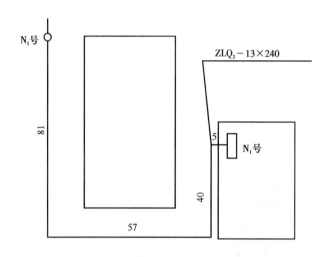

图 1-3-10 电缆敷设示意图(单位:m)

《工程量计算过程及结果》

电缆埋设的工程量＝2.28(备用长)＋81＋57＋40＋5＋2.28＋2×0.8(埋深)＋0.4(箱距地高)＋(1.7＋0.7)(箱宽＋高)＝191.96(m)

第七节 防雷及接地装置

一、清单工程量计算规则(表 1-3-7)

表 1-3-7 防雷及接地装置工程量计算规则

项目编码	项目名称	项目特征	计量单位	工程量计算规则	工程内容
030409001	接地极	1.名称 2.材质 3.规格 4.土质 5.基础接地形式	根(块)	按设计图示数量计算	1.接地极(板、桩)制作、安装 2.基础接地网安装 3.补刷(喷)油漆

项目编码	项目名称	项目特征	计量单位	工程量计算规则	工程内容
030409002	接地母线	1.名称 2.材质 3.规格 4.安装部位 5.安装形式	m	按设计图示尺寸以长度计算(含附加长度)	1.接地母线制作、安装 2.补刷(喷)油漆
030409003	避雷引下线	1.名称 2.材质 3.规格 4.安装部位 5.安装形式 6.断接卡子、箱材质、规格			1.避雷引下线制作、安装 2.断接卡子、箱制作、安装 3.利用主钢筋焊接 4.补刷(喷)油漆
030409004	均压环	1.名称 2.材质 3.规格 4.安装形式			1.均压环敷设 2.钢铝窗接地 3.柱主筋与圈梁焊接 4.利用圈梁钢筋焊接 5.补刷(喷)油漆
030409005	避雷网	1.名称 2.材质 3.规格 4.安装形式 5.混凝土块标号			1.避雷网制作、安装 2.跨接 3.混凝土块制作 4.补刷(喷)油漆
030409006	避雷针	1.名称 2.材质 3.规格 4.安装形式、高度	根	按设计图示数量计算	1.避雷针制作、安装 2.跨接 3.补刷(喷)油漆
030409007	半导体少长针消雷装置	1.型号 2.高度	套		本体安装
030409008	等电位端子箱、测试板	1.名称 2.材质 3.规格	台 (块)		
030409009	绝缘垫		m²	按设计图示尺寸以展开面积计算	1.制作 2.安装

续上表

项目编码	项目名称	项目特征	计量单位	工程量计算规则	工程内容
030409010	浪涌保护器	1. 名称 2. 规格 3. 安装形式 4. 防雷等级	个	按设计图示数量计算	1. 本体安装 2. 接线 3. 接地
030409011	降阻剂	1. 名称 2. 类型	kg	按设计图示以质量计算	1. 挖土 2. 施放降阻剂 3. 回填土 4. 运输

二、清单工程量计算

计算实例 1 接地装置

某防雷接地系统及安装图如图 1-3-11～图 1-3-14 所示。

(1) 工程采用避雷带作防雷保护,其接地电阻不大于 20 Ω。

(2) 防雷装置各种构件经镀锌处理,引下线与接地母线采用螺栓连接;接地体与接地母线采用焊接,焊接处刷红丹一道,沥青防腐漆两道。

(3) 接地体埋地深度为 2 500 mm,接地母线埋设深度为 800 mm。

计算接地装置工程量。

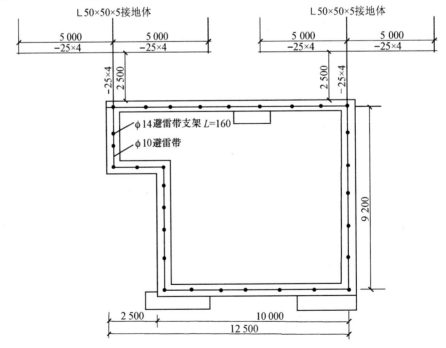

图 1-3-11 屋面防雷平面图(单位:mm)

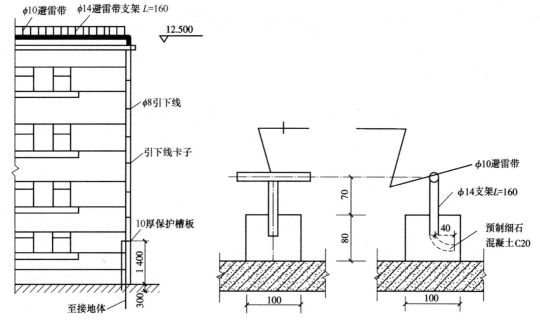

图 1-3-12　引下线安装图(单位:mm)　　　　图 1-3-13　避雷带安装图(单位:mm)

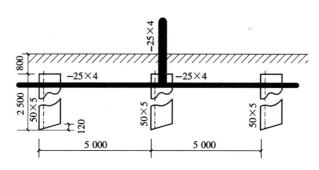

图 1-3-14　接地安装图(单位:mm)

【工程量计算过程及结果】

接地装置的工程量＝2(项)

计算实例 2　避雷装置

有一高层建筑物层高 3 m,檐高 108 m,外墙轴线总周长 88 m,避雷带设置在圈梁中,计算该高层避雷带的工程量。

【工程量计算过程及结果】

避雷带的工程量＝1(项)

第八节　10 kV 以下架空配电线路

一、清单工程量计算规则（表 1-3-8）

表 1-3-8　10 kV 以下架空配电线路工程量计算规则

项目编码	项目名称	项目特征	计量单位	工程量计算规则	工程内容
030410001	电杆组立	1.名称 2.材质 3.规格 4.类型 5.地形 6.土质 7.底盘、拉盘、卡盘规格 8.拉线材质、规格、类型 9.现浇基础类型、钢筋类型、规格，基础垫层要求 10.电杆防腐要求	根（基）	按设计图示数量计算	1.施工定位 2.电杆组立 3.土（石）方挖填 4.底盘、拉盘、卡盘安装 5.电杆防腐 6.拉线制作、安装 7.现浇基础基础垫层 8.工地运输
030410002	横担组装	1.名称 2.材质 3.规格 4.类型 5.电压等级(kV) 6.瓷瓶型号、规格 7.金具品种规格	组		1.横担安装 2.瓷瓶、金具组装
030410003	导线架设	1.名称 2.型号 3.规格 4.地形 5.跨越类型	km	按设计图示尺寸以单线长度计算（含预留长度）	1.导线架设 2.导线跨越及进户线架设 3.工地运输

续上表

项目编码	项目名称	项目特征	计量单位	工程量计算规则	工程内容
030410004	杆上设备	1.名称 2.型号 3.规格 4.电压等级(kV) 5.支撑架种类、规格 6.接线端子材质、规格 7.接地要求	台(组)	按设计图示数量计算	1.支撑架安装 2.本体安装 3.焊压接线端子、接线 4.补刷(喷)油漆 5.接地

二、清单工程量计算

计算实例　电杆组立

某新建工厂架设 380 V/220 V 三相四线线路,导线使用裸铝绞线,需 12 m 高水泥杆 15 根,杆上铁横担水平安装一根,末根杆上有阀型避雷器 4 组,计算电杆组立的工程量。

电杆组立的工程量＝15(根)

第九节　配管、配线

一、清单工程量计算规则(表 1-3-9)

表 1-3-9　配管、配线工程量计算规则

项目编码	项目名称	项目特征	计量单位	工程量计算规则	工程内容
030411001	配管	1.名称 2.材质 3.规格 4.配置形式 5.接地要求 6.钢索材质、规格	m	按设计图示尺寸以长度计算	1.电线管路敷设 2.钢索架设(拉紧装置安装) 3.预留沟槽 4.接地
030411002	线槽	1.名称 2.材质 3.规格			1.本体安装 2.补刷(喷)油漆

续上表

项目编码	项目名称	项目特征	计量单位	工程量计算规则	工程内容
030411003	桥架	1.名称 2.型号 3.规格 4.材质 5.类型 6.接地方式	m	按设计图示尺寸以长度计算	1.本体安装 2.接地
030411004	配线	1.名称 2.配线形式 3.型号 4.规格 5.材质 6.配线部位 7.配线线制 8.钢索材质规格		按设计图示尺寸以单线长度计算(含预留长度)	1.配线 2.钢索架设(拉紧装置安装) 3.支持体(夹板、绝缘子、槽板等)安装
030411005	接线箱	1.名称 2.材质 3.规格 4.安装形式	个	按设计图示数量计算	本体安装
030411006	接线盒				

二、清单工程量计算

计算实例 1　电气配管

某塔楼 16 层,层高 3.3 m,配电箱高 0.7 m,均为暗装且在平面同一位置。立管用直径 32 mm 的焊接钢管,计算该塔楼电气配管工程量。

〖工程量计算过程及结果〗

电气配管的工程量＝(16－1)×3.3＝49.50(m)

计算实例 2　电气配线

某楼层配电箱如图 1-3-15 所示,该楼层层高 3.3 m 共 4 层,配电箱安装高度为 1.5 m,计算电气配线工程量。

〖工程量计算过程及结果〗

电气配线的工程量＝〔14＋(3.3－1.5)×3〕×4
　　　　　　　＝77.60(m)

说明:配电箱 M1 有进出两根管,所以立管共三根,要乘以 3。

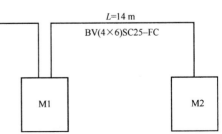

图 1-3-15　配电箱

第十节 照明器具安装

一、清单工程量计算规则(表 1-3-10)

表 1-3-10 照明器具安装工程量计算规则

项目编码	项目名称	项目特征	计量单位	工程量计算规则	工程内容
030412001	普通灯具	1.名称 2.型号 3.规格 4.类型	套	按设计图示数量计算	本体安装
030412002	工厂灯	1.名称 2.型号 3.规格 4.安装形式			
030412003	高度标志 (障碍)灯	1.名称 2.型号 3.规格 4.安装部位 5.安装高度			
030412004	装饰灯	1.名称 2.型号 3.规格 4.安装形式			
030412005	荧光灯				
030412006	医疗 专用灯	1.名称 2.型号 3.规格			
030412007	一般路灯	1.名称 2.型号 3.规格 4.灯杆材质、规格 5.灯架形式及臂长 6.附件配置要求 7.灯杆形式(单、双) 8.基础形式、砂浆配合比 9.杆座材质、规格 10.接线端子材质、规格 11.编号 12.接地要求			1.基础制作、安装 2.立灯杆 3.杆座安装 4.灯架及灯具附件安装 5.焊、压接线端子 6.补刷(喷)油漆 7.灯杆编号 8.接地

续上表

项目编码	项目名称	项目特征	计量单位	工程量计算规则	工程内容
030412008	中杆灯	1.名称 2.灯杆的材质及高度 3.灯架的型号、规格 4.附件配置 5.光源数量 6.基础形式、浇筑材质 7.杆座材质、规格 8.接线端子材质、规格 9.铁构件规格 10.编号 11.灌浆配合比 12.接地要求			1.基础浇筑 2.立灯杆 3.杆座安装 4.灯架及灯具附件安装 5.焊、压接线端子 6.铁构件安装 7.补刷(喷)油漆 8.灯杆编号 9.接地
030412009	高杆灯	1.名称 2.灯杆高度 3.灯架形式(成套或组装、固定或升降) 4.附件配置 5.光源数量 6.基础形式、浇筑材质 7.杆座材质、规格 8.接线端子材质、规格 9.铁构件规格 10.编号 11.灌浆配合比 12.接地要求	套	按设计图示数量计算	1.基础浇筑 2.立灯杆 3.杆座安装 4.灯架及灯具附件安装 5.焊、压接线端子 6.铁构件安装 7.补刷(喷)油漆 8.灯杆编号 9.升降机构接线调试 10.接地
030412010	桥栏杆灯	1.名称 2.型号 3.规格 4.安装形式			1.灯具安装 2.补刷(喷)油漆

续上表

项目编码	项目名称	项目特征	计量单位	工程量计算规则	工程内容
030412011	地道涵洞灯	1.名称 2.型号 3.规格 4.安装形式	套	按设计图示数量计算	1.灯具安装 2.补刷(喷)油漆

二、清单工程量计算

计算实例 1　普通吸顶灯及其他灯具

某平房采用单管日光灯,如图 1-3-16 所示,该平房为混凝土砖石结构(毛石基础、砖墙、钢筋混凝土板盖顶),顶板距地面高度为 3.5 m,室内装置定型照明配电箱(XM-7-3/0)1 台,单管日光灯(40 W)10 盏,拉线开关 5 个,由配电箱引上 2.5 m 为钢管明设(5),其余为磁夹板配线,用 BLX2.5 电线,引入线设计属于低压配电室范围,所以不用考虑。计算单管日光灯工程量。

图 1-3-16　单管日光灯

单管日光灯的工程量＝10(套)

计算实例 2　荧光灯

某栋三层两个单元的居民住宅楼设计电气照明系统图如图 1-3-17 所示。

(1)该建筑物供电电源为三相四线制电源,频率 50 Hz,电源电压为 380 V/220 V,进户线要接地,接地电阻 $R \leqslant 10\ \Omega$。

(2)总配电箱在二楼,型号为 XXB01-3,二楼分配电箱也在总配电箱内,整个系统共有 6 个配电箱,二单元二楼配电箱型号为 XXB01-3,二楼箱内有三个回路,其中一个供楼梯照明,其余两个各供一个用户用电,每个单元的一楼和三楼各装一个 XXB01-2 型配电箱,共装 4 个,每个配电箱内,有两个回路。

(3)从总配电箱引出 3 条干线,其中两条干线供一楼和三楼用电,另一条干线引到二单元二楼配电箱供二单元用电,二单元二楼配电箱又引出 2 条干线,分别供该单元一楼和三楼用电。

(4)一单元二层的电气照明平面图如图 1-3-18 所示。

计算荧光灯工程量。

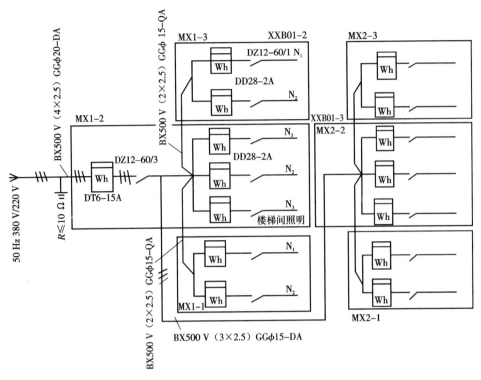

图 1-3-17 电气照明系统图

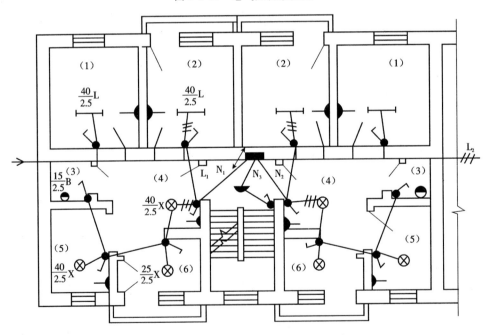

图 1-3-18 一单元二层电气照明平面图

工程量计算过程及结果

荧光灯的工程量＝2×12＝24(套)

说明:吊链式单管荧光灯为每个用户 2 只,共 12 个用户,其工程量为 24 套。

第四章　通风空调工程

第一节　通风空调设备及部件制作安装

一、清单工程量计算规则（表 1-4-1）

表 1-4-1　通风空调设备及部件制作安装工程量计算规则

项目编码	项目名称	项目特征	计量单位	工程量计算规则	工程内容
030701001	空气加热器（冷却器）	1. 名称 2. 型号 3. 规格 4. 质量 5. 安装形式 6. 支架形式、材质	台	按设计图示数量计算	1. 本体安装、调试 2. 设备支架制作、安装 3. 补刷（喷）油漆
030701002	除尘设备				
030701003	空调器	1. 名称 2. 型号 3. 规格 4. 安装形式 5. 质量 6. 隔振垫（器）、支架形式、材质	台（组）		1. 本体安装或组装、调试 2. 设备支架制作、安装 3. 补刷（喷）油漆
030701004	风机盘管	1. 名称 2. 型号 3. 规格 4. 安装形式 5. 减振器、支架形式、材质 6. 试压要求	台		1. 本体安装、调试 2. 支架制作、安装 3. 试压 4. 补刷（喷）油漆
030701005	表冷器	1. 名称 2. 型号 3. 规格			1. 本体安装 2. 型钢制作、安装 3. 过滤器安装 4. 挡水板安装 5. 调试及运转 6. 补刷（喷）油漆

续上表

项目编码	项目名称	项目特征	计量单位	工程量计算规则	工程内容
030701006	密闭门	1.名称 2.型号 3.规格 4.形式 5.支架形式、材质	个	按设计图示数量计算	1.本体制作 2.本体安装 3.支架制作、安装
030701007	挡水板				
030701008	滤水器、溢水器				
030701009	金属壳体				
030701010	过滤器	1.名称 2.型号 3.规格 4.类型 5.框架形式、材质	1.台 2.m²	1.以台计量,按设计图示数量计算 2.以面积计量,按设计图示尺寸以过滤面积计算	1.本体安装 2.框架制作、安装 3.补刷(喷)油漆
030701011	净化工作室	1.名称 2.型号 3.规格 4.类型	台	按设计图示数量计算	1.本体安装 2.补刷(喷)油漆
030701012	风淋室	1.名称 2.型号 3.规格 4.类型 5.质量			
030701013	洁净室				
030701014	除湿机	1.名称 2.型号 3.规格 4.类型			本体安装
030701015	人防过滤吸收器	1.名称 2.规格 3.形式 4.材质 5.支架形式、材质			1.过滤吸收器安装 2.支架制作、安装

二、清单工程量计算

计算实例 1　空气加热器(冷却器)

某空气加热器结构示意图如图 1-4-1 所示,计算空气加热器的工程量。

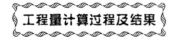

空气加热器的工程量＝1(台)

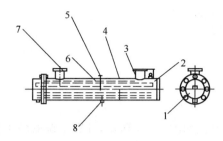

图 1-4-1　空气加热器结构示意图

1—盖板；2—筒体；3—进水管；4—温度传感器套管；5—折流板；6—固定条；7—出水管；8—排水阀

计算实例 2　通风机

某厂房安装通风机 8 台，如图 1-4-2 所示，计算通风机的工程量。

图 1-4-2　通风机

【工程量计算过程及结果】

通风机的工程量＝8(台)

计算实例 3　除尘设备

某工程安装的除尘系统图如图 1-4-3 所示，计算除尘器工程量。

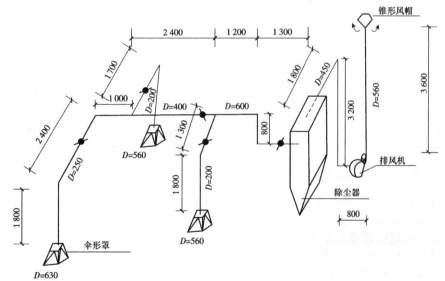

图 1-4-3　除尘系统图(单位:mm)

除尘器的工程量＝1(台)

计算实例4　空调器

某单元12户均安装空调器,如图1-4-4所示,计算空调器的工程量。

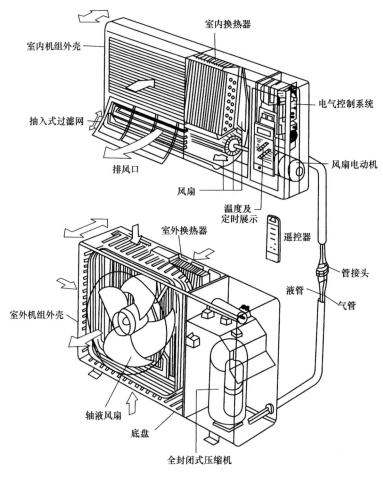

图1-4-4　分体式空调器示意图

空调器的工程量＝12(台)

计算实例5　风机盘管

某风机盘管如图1-4-5所示,计算风机盘管工程量。

风机盘管的工程量＝1(台)

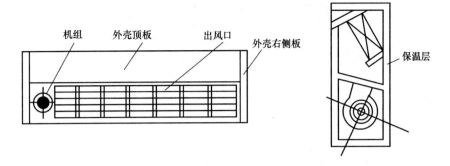

图 1-4-5　明装壁挂风机盘管示意

计算实例6　密闭门

某新建工程需安装密闭门,该工程共需此种门8个,计算密闭门工程量。

工程量计算过程及结果

密闭门的工程量＝8(个)

计算实例7　挡水板制作安装

某钢制挡水板如图 1-4-6 所示,其规格为六折曲板,片距为 50 mm,尺寸为 800 mm×350 mm×360 mm(长×宽×高),计算挡水板的工程量。

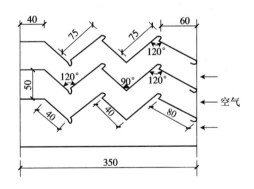

图 1-4-6　挡水板示意图(单位:mm)

工程量计算过程及结果

挡水板的工程量＝(0.04＋0.04＋0.075＋0.04＋0.075＋0.080)×0.8×3
　　　　　　　＝0.84(m²)

第二节 通风管道制作安装

一、清单工程量计算规则（表 1-4-2）

表 1-4-2 通风管道制作安装工程量计算规则

项目编码	项目名称	项目特征	计量单位	工程量计算规则	工程内容
030702001	碳钢通风管道	1.名称 2.材质 3.形状 4.规格	m²	按设计图示内径尺寸以展开面积计算	1.风管、管件、法兰、零件、支吊架制作、安装 2.过跨风管落地支架制作、安装
030702002	净化通风管道	5.板材厚度 6.管件、法兰等附件及支架设计要求 7.接口形式			
030702003	不锈钢板通风管道	1.名称 2.形状			
030702004	铝板通风管道	3.规格 4.板材厚度 5.管件、法兰等附件及支架设计要求 6.接口形式			
030702005	塑料通风管道				
030702006	玻璃钢通风管道	1.名称 2.形状 3.规格 4.板材厚度 5.支架形式、材质 6.接口形式		按设计图示外径尺寸以展开面积计算	1.风管、管件安装 2.支吊架制作、安装 3.过跨风管落地支架制作、安装
030702007	复合型风管	1.名称 2.材质 3.形状 4.规格 5.板材厚度 6.接口形式 7.支架形式、材质			

续上表

项目编码	项目名称	项目特征	计量单位	工程量计算规则	工程内容
030702008	柔性软风管	1.名称 2.材质 3.规格 4.风管接头、支架形式、材质	1.m 2.节	1.以米计量,按设计图示中心线以长度计算 2.以节计量,按设计图示数量计算	1.风管安装 2.风管接头安装 3.支吊架制作安装
030702009	弯头导流叶片	1.名称 2.材质 3.规格 4.形式	1.m² 2.组	1.以面积计量,按设计图示以展开面积平方米计算 2.以组计量,按设计图示数量计算	1.制作 2.组装
030702010	风管检查孔	1.名称 2.材质 3.规格	1.kg 2.个	1.以千克计量,按风管检查孔质量计算 2.以个计量,按设计图示数量计算	1.制作 2.安装
030702011	温度、风量测定孔	1.名称 2.材质 3.规格 4.设计要求	个	按设计图示数量计算	1.制作 2.安装

二、清单工程量计算

计算实例1 碳钢通风管道制作安装

例1 某医院住院部的通风空调工程所安装得碳素钢镀锌钢板圆形风管如图1-4-7所示,该风管直径为450 mm,两端吊托架,计算该风管工程量。

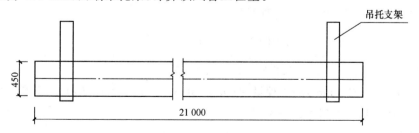

图1-4-7 风管示意图(单位:mm)

碳钢通风管道的工程量=3.14×0.45×21=29.67(m²)

例2 某通风管平面,如图 1-4-8 所示,其中软管长 0.2 m,其他数据见图中标注,计算风管工作量。

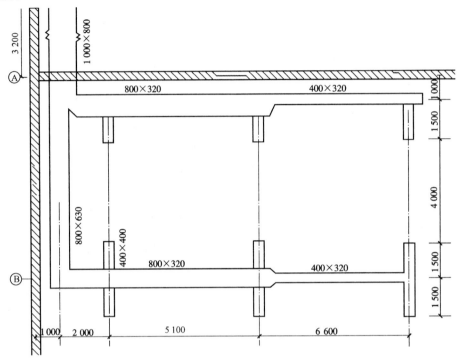

图 1-4-8 风管平面图(单位:mm)

工程量计算过程及结果

(1)风管(1 000 mm×800 mm)工程量计算。

长度 $L_1 = 3.2 - 0.2 + 1 + \dfrac{0.8}{2} - \dfrac{0.4}{2} = 4.20$(m)

风管(1 000 mm×800 mm)的工程量 = $(1+0.8) \times 2 \times L_1 = 1.8 \times 2 \times 4.20 = 15.12$(m²)

(2)风管(800 mm×630 mm)工程量计算。

长度 $L_2 = 1.5 - 0.2 + 4 + 1.5 + 2 + 0.2 = 9.00$(m²)

风管(800 mm×630 mm)的工程量 = $(0.8+0.63) \times 2 \times L_2 = 1.43 \times 2 \times 9.00 = 25.74$(m²)

(3)风管(800 mm×320 mm)工程量计算。

长度 $L_3 = 2 + \dfrac{1.0}{2} - \dfrac{0.8}{2} + 5.1 + 0.2 = 7.40$(m)

长度 $L_4 = 5.1 - 0.2 - 0.2 + 0.2 + 0.2 = 5.10$(m)

风管(800 mm×320 mm)的工程量 = $(0.8+0.32) \times 2 \times (L_3+L_4) = (0.8+0.32) \times 2 \times$

$(7.40+5.10) = 1.12 \times 2 \times 12.5 = 28.00$(m²)

(4)风管(400 mm×320 mm)工程量计算。

长度 $L_5 = 6.6 - 0.2 - 0.2 = 6.20$(m)

长度 $L_6 = 6.6 - 0.2 - 0.2 = 6.20$(m)

风管(400 mm×320 mm)的工程量 = $(0.4+0.32) \times 2 \times (L_5+L_6) = (0.4+0.32) \times 2 \times$

$(6.20+6.20) = 0.72 \times 2 \times 12.4 = 17.86$(m²)

(5)风管(400 mm×400 mm)工程量计算。

长度 $L_7 = (1.5 - 0.2) \times 2$(两根相同)$+1.5 = 4.10$(m)

长度 $L_8 = 1.5 \times 6$(六根相同)$= 9.00$(m)

$$风管(400 \text{ mm} \times 400 \text{ mm})的工程量 = (0.4 + 0.4) \times 2 \times (L_7 + L_8)$$
$$= 0.8 \times 2 \times 13.10$$
$$= 20.96(\text{m}^2)$$

计算实例2 净化通风管制作安装

某医院手术室排风示意图如图1-4-9所示,计算风管的工程量。

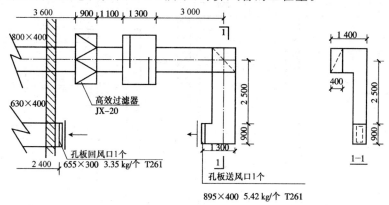

图 1-4-9 某医院手术室排风示意(单位:mm)

工程量计算过程及结果

(1)风管(800 mm×400 mm)的工程量计算。

长度 $L_1 = 3.6 + 1.1 + 3.0 + 1.4 + 2.5 + 0.9 + 1.3 - \dfrac{0.8}{2} = 13.40$(m)

风管(800 mm×400 mm)的工程量$= (0.8 + 0.4) \times 2 \times L_1 = 1.2 \times 2 \times 13.40 = 32.16(\text{m}^2)$

(2)风管(630 mm×400 mm)的工程量计算。

长度 $L_2 = 2.40$(m)

风管(630 mm×400 mm)的工程量$= (0.63 + 0.4) \times 2 \times L_2 = 1.03 \times 2 \times 2.40 = 4.94(\text{m}^2)$

计算实例3 不锈钢板风管制作安装

例1 某正插三通示意图如图1-4-10所示,计算该风管的工程量。

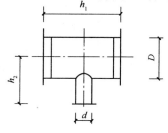

图 1-4-10 正插三通示意图

注:$D = 900$ mm;$d = 320$ mm;$h_1 = 1\,900$ mm;$h_2 = 1\,100$ mm。

§ 工程量计算过程及结果 §

风管的工程量 $= \pi D h_1 + \pi d h_2 = 3.14 \times 0.9 \times 1.9 + 3.14 \times 0.32 \times 1.1$

$$= 5.37 + 1.11$$

$$= 6.48 (\text{m}^2)$$

例 2 楼梯与电梯前室通风示意图如图 1-4-11 所示,该楼共十层,每隔一层接一个通风管道,即为双数层安装通风管道,且每层有两个电梯合用前室,以保证楼梯与电梯合用前室有 5~10 Pa 的正压。计算不锈钢板风管的工程量。

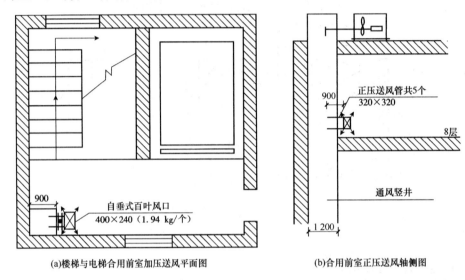

(a)楼梯与电梯合用前室加压送风平面图   (b)合用前室正压送风轴侧图

图 1-4-11　楼梯与电梯前室通风示意图(单位:mm)

§ 工程量计算过程及结果 §

长度 $L = 0.9 \times 5$(共 5 层有)$\times 2$(每层有 2 个电梯合用前室)$= 9.00 (\text{m})$

不锈钢板风管的工程量 $= (0.32 + 0.32) \times 2 \times L = 0.64 \times 2 \times 9.00 = 11.52 (\text{m}^2)$

计算实例 4　铝板通风管道制作安装

某铝板渐缩管均匀送风管如图 1-4-12 所示,管长 12 m,大头直径 600 mm,小头直径 400 mm,在该管上开一个 270 mm×230 mm 的风管检查孔,计算该风管工程量。

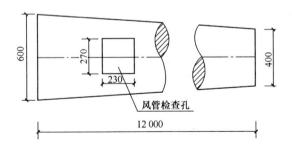

图 1-4-12　铝板渐缩管均匀送风管(单位:mm)

╔══════════════════════════╗
║ 工程量计算过程及结果 ║
╚══════════════════════════╝

铝板通风管道的工程量 $=3.14 \times \dfrac{0.6+0.4}{2} \times 12 = 18.84(\text{m}^2)$

计算实例 5　塑料通风管道制作安装

例 1　某塑料通风管斜插三通示意图如图 1-4-13 所示,计算风管工程量。

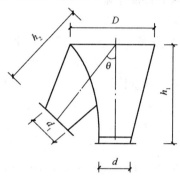

图 1-4-13　塑料通风管斜插三通示意

注:$D=250$ mm;$d=120$ mm;$d_1=100$ mm;$h_1=1\,400$ mm;$h_2=1\,200$ mm。

╔══════════════════════════╗
║ 工程量计算过程及结果 ║
╚══════════════════════════╝

当 $\theta=30°、45°、60°$,$h_1 \geqslant 5D$ 时,则有

$$塑料通风管道的工程量 = \left(\dfrac{D+d}{2}\right)\pi h_1 + \left(\dfrac{D+d_1}{2}\right)\pi h_2$$

$$= \left(\dfrac{0.25+0.12}{2}\right) \times 3.14 \times 1.4 + \left(\dfrac{0.25+0.1}{2}\right) \times 3.14 \times 1.2$$

$$= 0.81 + 0.66 = 1.47(\text{m}^2)$$

说明:塑料通风管计算工程量时,管径用的是内管径,若管径长度不是内管径长度,应减去壁厚再进行计算,在该题中所表示的管径按内管管径计算。

例 2　某塑料风管送风平面图如图 1-4-14 所示,500 mm×320 mm 的风管壁厚 4 mm,800 mm×320 mm 的风管壁厚 5 mm,1 250 mm×320 mm 的风管壁厚 8 mm,计算该风管的工程量。

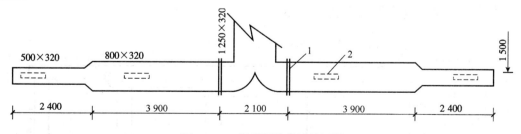

图 1-4-14　塑料风管送风平面图

1—法兰;2—单层百叶风口

《工程量计算过程及结果》

(1)风管(1 250 mm×320 mm)工程量计算。

长度 $L_1 = 1.5 + 2.1 = 3.60$(m)

风管(1 250 mm×320 mm)的工程量 $= (1.25-0.016+0.32-0.016) \times 2 \times L_1$
$$= 1.538 \times 2 \times 3.60 = 11.07(\text{m}^2)$$

(2)风管(800 mm×320 mm)工程量计算。

长度 $L_2 = 3.9 \times 2 = 7.80$(m)

风管(800 mm×320 mm)的工程量 $= (0.8-0.01+0.32-0.01) \times 2 \times L_2$
$$= 1.1 \times 2 \times 7.80 = 17.16(\text{m}^2)$$

(3)风管(500 mm×320 mm)工程量计算。

长度 $L_3 = 2.4 \times 2 = 4.80$(m)

风管(500 mm×320 mm)的工程量 $= (0.5-0.008+0.32-0.008) \times 2 \times L_3$
$$= 0.804 \times 2 \times 4.80 = 7.72(\text{m}^2)$$

说明:塑料风管的工程量是按照风管的内径来计算的,不同管径,塑料风管的壁厚有所不同,所以在计算时要扣除风管壁厚。

计算实例6 玻璃钢通风管道

某办公大楼通风工程安装玻璃钢风道,如图 1-4-15 所示,该风道直径为 1 m,风道总长33 m,风道带保温夹层,厚 50 mm。落地支架有三处,分别为 20 kg,45 kg,56 kg,计算风道工程量(保温材料是超细玻璃棉,外缠塑料布两道,玻璃丝布两道,刷调合漆两道厚 2 mm)。

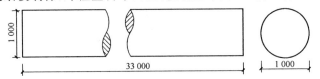

图 1-4-15 玻璃钢风道示意图(单位:mm)

《工程量计算过程及结果》

玻璃钢通风管的工程量 $= \pi D L = 3.14 \times 1 \times 33 = 103.62(\text{m}^2)$

计算实例7 复合型风管制作安装

某复合型风管示意图如图 1-4-16 所示,计算风管工程量。

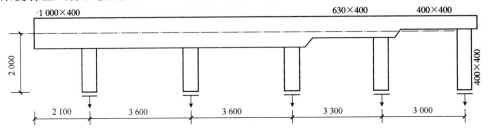

图 1-4-16 复合型风管示意图(单位:mm)

工程量计算过程及结果

(1)风管(1 000 mm×400 mm)工程量计算。

长度 L_1＝2.1＋3.6＋3.6＋0.2＝9.50(m)

风管(1 000 mm×400 mm)的工程量＝(1＋0.4)×2×L_1＝1.4×2×9.50＝26.60(m^2)

(2)风管(630 mm×400 mm)工程量计算。

长度 L_2＝3.3−0.2＋0.2＝3.30(m)

$$风管(630 mm×400 mm)的工程量＝(0.63＋0.4)×2×L_2$$
$$＝1.03×2×3.30$$
$$＝6.80(m^2)$$

(3)风管(400 mm×400 mm)工程量计算。

长度 L_3＝3−0.2＋0.2＝3.00(m)

长度 L_4＝2.0＋2.0＋2.0＋2.0＋$\dfrac{1.0}{2}$−$\dfrac{0.63}{2}$＋2.0＋$\dfrac{1.0}{2}$−$\dfrac{0.4}{2}$＝10.49(m)

$$风管(400 mm×400 mm)的工程量＝(0.4＋0.4)×2×(L_3＋L_4)$$
$$＝(0.4＋0.4)×2×(3.00＋10.49)$$
$$＝21.58(m^2)$$

说明：L_3 是 400 mm×400 mm 干管长度，L_4 是 400 mm×400 mm 支管长度，并且干管中连接的支管长度是从所连接的干管中心线到支管的末端。

计算实例 8　柔性软风管

某空调器功能段示意图如图 1-4-17 所示,其中软管长 0.2 m,计算软管工程量。

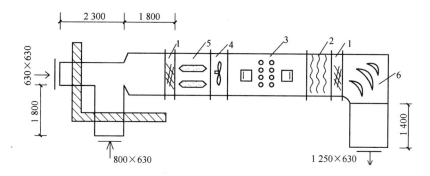

图 1-4-17　空调器功能段示意图(单位:mm)

1—帆布接头;2—波形挡水板;3—喷淋段(对喷);4—风机;5—消声器;6—导流叶片

工程量计算过程及结果

柔性软风管的工程量＝0.2×2＝0.40(m)

说明:在 1 250 mm×630 mm 风管处有两个软管。

第三节　通风管道部件制作安装

一、清单工程量计算规则（表 1-4-3）

表 1-4-3　通风管道部件制作安装工程量计算规则

项目编码	项目名称	项目特征	计量单位	工程量计算规则	工程内容
030703001	碳钢阀门	1.名称 2.型号 3.规格 4.质量 5.类型 6.支架形式、材质	个	按设计图示数量计算	1.阀体制作 2.阀体安装 3.支架制作、安装
030703002	柔性软风管阀门	1.名称 2.规格 3.材质 4.类型			阀体安装
030703003	铝蝶阀	1.名称 2.规格 3.质量 4.类型			
030703004	不锈钢蝶阀				
030703005	塑料阀门	1.名称 2.型号 3.规格 4.类型			
030703006	玻璃钢蝶阀				
030703007	碳钢风口、散流器、百叶窗	1.名称 2.型号 3.规格 4.质量 5.类型 6.形式			1.风口制作、安装 2.散流器制作安装 3.百叶窗安装
030703008	不锈钢风口、散流器、百叶窗				
030703009	塑料风口、散流器、百叶窗				

续上表

项目编码	项目名称	项目特征	计量单位	工程量计算规则	工程内容
030703010	玻璃钢风口	1.名称 2.型号 3.规格 4.类型 5.形式			风口安装
030703011	铝及铝合金风口、散流器				1.风口制作、安装 2.散流器制作、安装
030703012	碳钢风帽				1.风帽制作、安装 2.筒形风帽滴水盘制作、安装 3.风帽筝绳制作安装 4.风帽泛水制作、安装
030703013	不锈钢风帽				
030703014	塑料风帽	1.名称 2.规格 3.质量 4.类型 5.形式 6.风帽筝绳、泛水设计要求	个	按设计图示数量计算	
030703015	铝板伞形风帽				1.板伞形风帽制作、安装 2.风帽筝绳制作、安装 3.风帽泛水制作、安装
030703016	玻璃钢风帽				1.玻璃钢风帽安装 2.筒形风帽滴水盘安装 3.风帽筝绳安装 4.风帽泛水安装
030703017	碳钢罩类	1.名称 2.型号 3.规格 4.质量 5.类型 6.形式			1.罩类制作 2.罩类安装
030703018	塑料罩类				

续上表

项目编码	项目名称	项目特征	计量单位	工程量计算规则	工程内容
030703019	柔性接口	1.名称 2.规格 3.材质 4.类型 5.形式	m²	按设计图示尺寸以展开面积计算	1.柔性接口制作 2.柔性接口安装
030703020	消声器	1.名称 2.规格 3.材质 4.形式 5.质量 6.支架形式、材质	个	按设计图示数量计算	1.消声器制作 2.消声器安装 3.支架制作安装
030703021	静压箱	1.名称 2.规格 3.形式 4.材质 5.支架形式、材质	1.个 2.m²	1.以个计量,按设计图示数量计算 2.以平方米计量,按设计图示尺寸以展开面积计算	1.静压箱制作、安装 2.支架制作、安装
030703022	人防超压 自动排气阀	1.名称 2.型号 3.规格 4.类型	个	按设计图示数量计算	安装
030703023	人防手动 密闭阀	1.名称 2.型号 3.规格 4.支架形式、材质			1.密闭阀安装 2.支架制作、安装
030703024	人防 其他部件	1.名称 2.型号 3.规格 4.类型	个(套)		安装

二、清单工程量计算

计算实例1 碳钢调节阀制作安装

例1 某地下车库排风平面图如图1-4-18所示,其中防火阀均为70℃常开防火阀,计算碳钢调节阀的工程量。

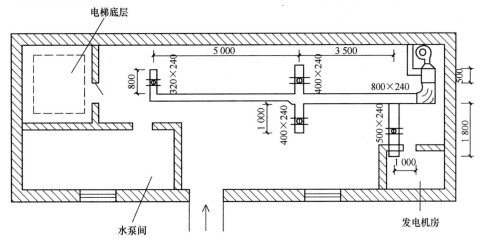

图 1-4-18 地下车库排风平面图(单位:mm)

⟪工程量计算过程及结果⟫

320 mm×240 mm 70℃常开防火阀的工程量＝1(个)

400 mm×240 mm 70℃常开防火阀的工程量＝2(个)

500 mm×240 mm 70℃常开防火阀的工程量＝1(个)

例2 某风管送风示意图如图1-4-19所示,其中防火阀为70℃常开防火阀,计算该风管中碳钢调节阀的工程量。

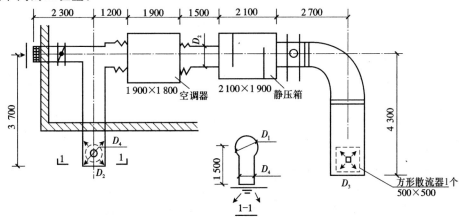

图 1-4-19 某风管送风示意图(单位:mm)

注:D_1＝630 mm;D_2＝800 mm;D_3＝1 250 mm;D_4＝500 mm。

(1)长度 L_1 为 630 mm 的圆形(D_1 =630 mm)调节阀(圆形蝶阀)的工程量=1(个)

(2)长度 L_2 为 D_3 +240=1 490(mm)的圆形(D_3 =1 250 mm)70℃常开防火阀的工程量=1(个)

计算实例2 柔性软风管阀门

某柔性软风管(无保温套)如图 1-4-20 所示,风管直径为 500 mm,计算阀门工程量。

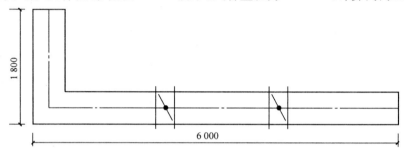

图 1-4-20 柔性软风管示意图(单位:mm)

柔性软风管阀门的工程量=2(个)

计算实例3 铝蝶阀

某铝板通风管如图 1-4-21 所示,该管长 5 m,断面尺寸为 500 mm×500 mm,一处吊托支架,管上安装 800 mm×500 mm 的铝蝶阀(成品),计算铝蝶阀的工程量。

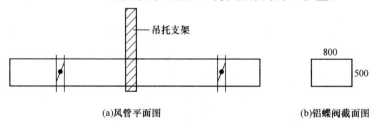

(a)风管平面图   (b)铝蝶阀截面图

图 1-4-21 铝板通风管示意图(单位:mm)

铝蝶阀的工程量=2(个)

计算实例4 碳钢风口、散流器制作安装

例1 某送风管道示意图如图 1-4-22 所示,计算散流器的工程量。

散流器制作安装的工程量=5(个)

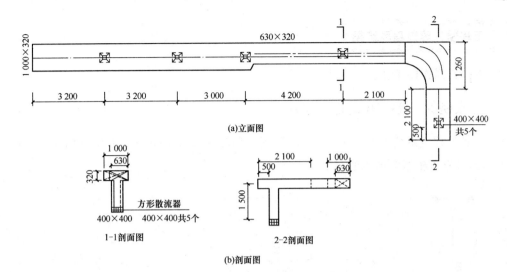

图 1-4-22 某送风管示意图(单位:mm)

例 2 某圆形风管散流器如图 1-4-23 所示,计算该风管流散器工程量。

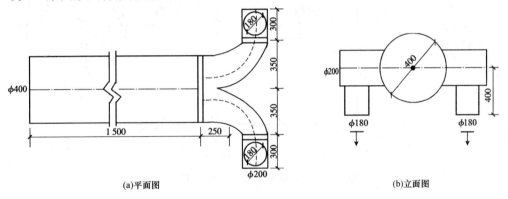

图 1-4-23 圆形风管散流器(单位:mm)

§**工程量计算过程及结果**§

φ180 圆形散流器的工程量＝2(个)

计算实例 5 碳钢风帽制作安装

T609 锥形碳钢风帽如图 1-4-24 所示,共有该风帽 8 个,计算锥形碳钢风帽工程量。

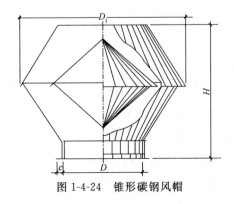

图 1-4-24 锥形碳钢风帽

§工程量计算过程及结果§

锥形碳钢风帽的工程量＝8(个)

计算实例6　碳钢罩类制作安装

某侧吸罩排风系统图如图1-4-25所示,图中侧吸罩尺寸为900 mm×280 mm,单个重量27.12 kg,计算碳钢罩类的工程量。

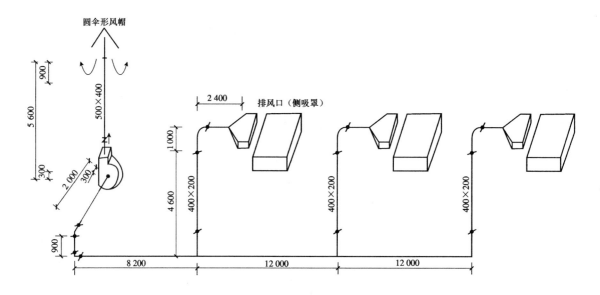

图1-4-25　侧吸罩排风系统图(单位:mm)

§工程量计算过程及结果§

碳钢罩类的工程量＝27.12×3＝81.36(kg)

计算实例7　消声器制作安装

某送、回风平面图如图1-4-26所示,计算消声器的工程量。

§工程量计算过程及结果§

(1)弧形声流式消声器(800 mm×800 mm)。

长度L＝1.20 m,数量1个;工程量＝629.00(kg)

(2)阻抗复合式消声器(1 000 mm×600 mm)。

长度L＝0.80 m,数量1个;工程量＝120.56(kg)

(3)阻抗复合式消声器(2 000 mm×1 500 mm)。

长度L＝2.10 m,数量1个;工程量＝347.65(kg)

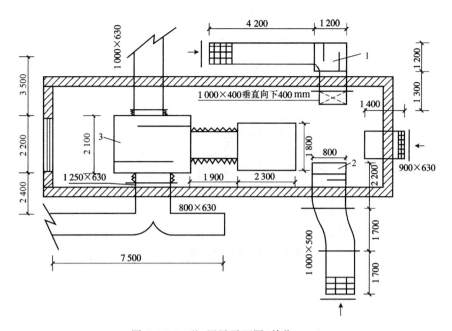

图 1-4-26 送、回风平面图(单位:mm)

1—弧形声流式消声器(800 mm×800 mm);2—阻抗复合式消声器(1 000 mm×600 mm);

3—阻抗复合式消声器(2 000 mm×1 500 mm)

计算实例 8 静压箱制作安装

某空调送风平面图如图 1-4-27 所示,其中消声静压箱的尺寸为 2 500 mm× 2 800 mm× 1 100 mm,如图 1-4-28 所示,计算静压箱工程量。

§工程量计算过程及结果§

静压箱制作安装的工程量=(2.5×2.8+2.8×1.1+2.5×1.1)×2=25.66(m²)

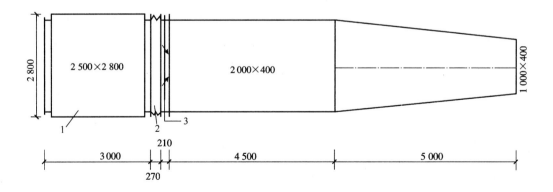

图 1-4-27 空调送风平面图(单位:mm)

1—消声静压箱;2—软管;3—电动对开多叶调节阀

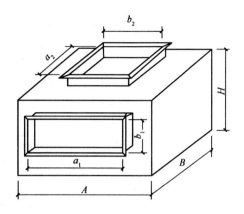

图 1-4-28　消声静压箱示意图

第五章 工业管道工程

第一节 低 压 管 道

一、清单工程量计算规则（表 1-5-1）

表 1-5-1 低压管道工程量计算规则

项目编码	项目名称	项目特征	计量单位	工程量计算规则	工程内容
030801001	低压碳钢管	1. 材质 2. 规格 3. 连接形式、焊接方法 4. 压力试验、吹扫与清洗设计要求 5. 脱脂设计要求	m	按设计图示管道中心线以长度计算	1. 安装 2. 压力试验 3. 吹扫、清洗 4. 脱脂
030801002	低压碳钢伴热管	1. 材质 2. 规格 3. 连接形式 4. 安装位置 5. 压力试验、吹扫与清洗设计要求			1. 安装 2. 压力试验 3. 吹扫、清洗
030801003	衬里钢管预制安装	1. 材质 2. 规格 3. 安装方式（预制安装或成品管道） 4. 连接形式 5. 压力试验、吹扫与清洗设计要求			1. 管道、管件及法兰安装 2. 管道、管件拆除 3. 压力试验 4. 吹扫、清洗
030801004	低压不锈钢伴热管	1. 材质 2. 规格 3. 连接形式 4. 安装位置 5. 压力试验、吹扫与清洗设计要求			1. 安装 2. 压力试验 3. 吹扫、清洗

项目编码	项目名称	项目特征	计量单位	工程量计算规则	工程内容
030801005	低压碳钢板卷管	1.材质 2.规格 3.焊接方法 4.压力试验、吹扫与清洗设计要求 5.脱脂设计要求			1.安装 2.压力试验 3.吹扫、清洗 4.脱脂
030801006	低压不锈钢管	1.材质 2.规格 3.焊接方法 4.充氩保护方式、部位 5.压力试验、吹扫与清洗设计要求 6.脱脂设计要求			1.安装 2.焊口充氩保护 3.压力试验 4.吹扫、清洗 5.脱脂
030801007	低压不锈钢板卷管				
030801008	低压合金钢管	1.材质 2.规格 3.焊接方法 4.压力试验、吹扫与清洗设计要求 5.脱脂设计要求	m	按设计图示管道中心线以长度计算	1.安装 2.压力试验 3.吹扫、清洗 4.脱脂
030801009	低压钛及钛合金管				
030801010	低压镍及镍合金管	1.材质 2.规格 3.焊接方法 4.充氩保护方式、部位 5.压力试验、吹扫与清洗设计要求 6.脱脂设计要求			1.安装 2.焊口充氩保护 3.压力试验 4.吹扫、清洗 5.脱脂
030801011	低压锆及锆合金管				
030801012	低压铝及铝合金管				
030801013	低压铝及铝合金板卷管				

续上表

项目编码	项目名称	项目特征	计量单位	工程量计算规则	工程内容
030801014	低压铜及铜合金管	1.材质 2.规格 3.焊接方法 4.压力试验、吹扫与清洗设计要求 5.脱脂设计要求	m	按设计图示管道中心线以长度计算	1.安装 2.压力试验 3.吹扫、清洗 4.脱脂
030801015	低压铜及铜合金板卷板				
030801016	低压塑料管	1.材质 2.规格 3.连接形式 4.压力试验、吹扫设计要求 5.脱脂设计要求			1.安装 2.压力试验 3.吹扫、清洗 4.脱脂
030801017	金属骨架复合管				
030801018	低压玻璃钢管				
030801019	低压铸铁管				
030801020	低压预应力混凝土管				

二、清单工程量计算

计算实例 1 低压有缝钢管

例 1 某造船厂压缩空气站局部平面图如图 1-5-1,其中压缩空气配管剖面图如图 1-5-2 所示,计算低压有缝钢管的工程量。

已知:

(1)管道采用低压有缝钢管 DN32、DN50、DN80、DN100,所有管道表面要除锈、刷油、防腐,外加泡沫玻璃瓦块 30 mm 绝热层,外缠铝箔保护层。

(2)管件:阀门采用 J44H—10 法兰阀门,弯头采用机械煨弯,三通现场挖眼制作,法兰采用平焊连接,系统连接采用氩电联焊。

(3)管道安装完毕做水压试验、泄漏性试验。

(4)焊缝要求按 50% 做超声波无损探伤探测。

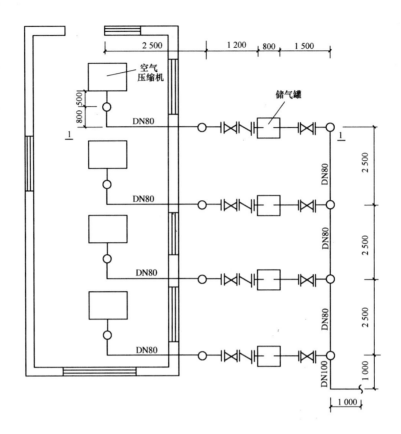

图 1-5-1　压缩空气配管平面图(单位:mm)

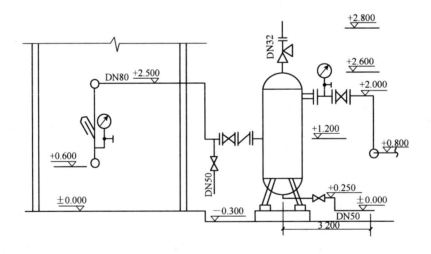

图 1-5-2　压缩空气配管 1-1 剖面图

工程量计算过程及结果

(1)DN32 有缝钢管的工程量＝(2.8－2.6)×4 ＝0.80(m)

(2)DN50 有缝钢管的工程量＝(1.2－0.25)×4＋[3.2＋(0.25－0)]×4＝17.60(m)

（3）DN80有缝钢管的工程量＝平面长度＋剖面长度

$$= [(0.5+0.8+2.5+1.2+1.5) \times 4 + 2.5 \times 3] + [(2.5-0.6) \times 4 + (2.5-1.2) \times 4 + (2.0-0.8) \times 4]$$

$$= 33.50 + 17.60$$

$$= 51.10(\text{m})$$

（4）DN100有缝钢管的工程量＝1.0＋1.0＝2.00(m)

例2　某宿舍楼水房给水示意图如图1-5-3所示，所用管材均为低压有缝钢管，计算该系统低压有缝钢管的工程量。

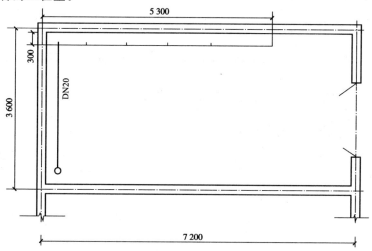

(a)宿舍楼给水平面图

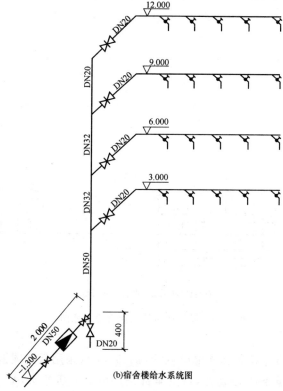

(b)宿舍楼给水系统图

图1-5-3　宿舍楼水房给水示意图

工程量计算过程及结果

(1)DN20 有缝钢管的工程量＝(水平管段长)×4＋竖直管段＋排污管长度

          ＝(3.6－0.3×2＋5.3－0.3)×4＋(12－9)＋0.4

          ＝35.40(m)

(2)DN32 有缝钢管工程量＝9－3＝6.00(m)

(3)DN50 有缝钢管工程量＝2＋[3－(－1.3)]＝6.3(m)

计算实例 2　低压碳钢管

例 1　某氮气加压站工业管道示意图如图 1-5-4 所示,计算该氮气加压站低压碳钢管的工程量。

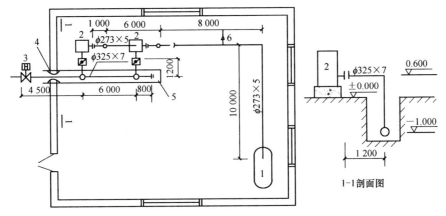

(a)氮气加压站工业管道平面图和局部剖面图

1—储气罐；2—压缩机；3—电动阀；4—防水套管；5—沟底盖板；6—安全阀

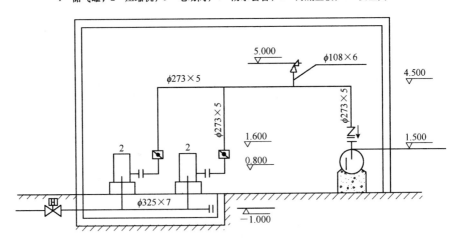

(b)氮气加压站工业管道立面图

图 1-5-4　氮气加压站工业管道示意图

已知:

(1)φ108×6、φ273×5 采用低压无缝碳钢管,φ325×7 管采用低压碳钢板卷管。

(2)管件所用三通为现场挖眼连接,弯头全部采用成品冲压弯头,φ273×5 弯头弯曲半径

$R=400$ mm，$\phi 325\times 7$ 弯头弯曲半径 $R=500$ mm，电动阀门长度按500 mm计。

（3）所用法兰采用平焊法兰，阀门采用平焊法连接。

（4）管道系统安装完毕做水压试验。

（5）无缝钢管共有 16 道焊口，设计要求 50% 进行 X 光射线无损探伤，胶片规格为 300 mm×80 mm。

（6）所用管道外除锈后进行一般刷油处理。$\phi 325\times 7$ 的管道需绝热，绝热层厚 $\delta =50$ mm，外缠纤维布做保护层。

工程量计算过程及结果

（1）$\phi 273\times 5$ 低压无缝碳钢管的工程量＝水平长度＋竖直长度

$$=(1\times 2+6+8+10)+[(4.5-0.8)\times 2+(4.5-1.5)]$$
$$=36.40(m)$$

（2）$\phi 108\times 6$ 低压无缝碳钢管的工程量＝$5.0-4.5=0.5(m)$

例2 某淋浴器安装示意图如图 1-5-5 所示，计算低压碳钢管的工程量。

已知：

（1）热水管采用碳钢管电弧焊，外刷二道红丹防锈漆，再刷两遍银粉。管外加 5 mm 厚岩棉保温层，外缠保护层铝箔。

（2）冷水管采用碳钢管电弧焊；外刷二道红丹防锈漆，再刷两遍银粉。

（3）混合水管为不锈钢管。

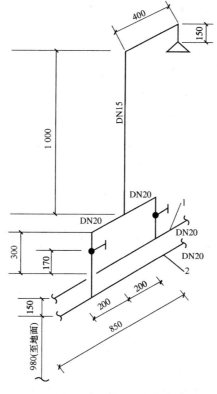

图 1-5-5　淋浴器安装

1—热水管；2—冷水管

(1)DN20 冷水管道的工程量＝水平长度＋竖直长度
$$=(0.85+0.2)+(0.15+0.3)=1.50(m)$$

(2)DN20 热水管道的工程量＝水平长度＋竖直长度
$$=(0.85+0.2)+0.3=1.35(m)$$

(3)DN20 低压碳钢管的工程量＝1.50＋1.35＝2.85(m)

计算实例3 低压不锈钢管

某单身公寓燃气管道工程示意图如图 1-5-6 所示,计算低压不锈钢管的工程量。

已知:

(1)燃气管道采用不锈钢(电弧焊)螺纹明装,管道穿墙穿楼板处均应设钢套管,燃气表进口处采用旋塞。

(2)燃气灶采用双眼燃气灶。埋地管采用刷油防腐,外露管刷环氧银粉漆两遍。

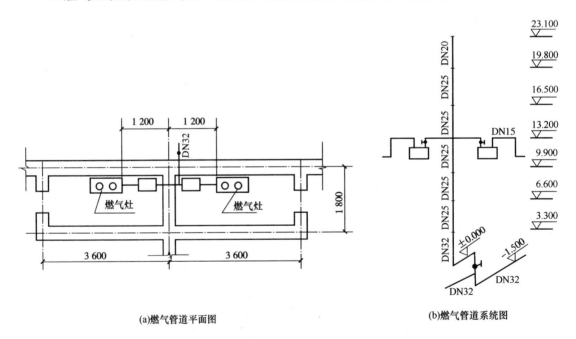

(a)燃气管道平面图　　　　(b)燃气管道系统图

图 1-5-6 某单身公寓燃气管道工程示意图

(1)DN32 低压不锈钢管的工程量＝3.3－(－1.5)＋1.2＝6.00(m)

说明:1.2 m 为燃气管入户距墙的距离。

(2)DN25 低压不锈钢管的工程量＝19.8－3.3＝16.50(m)

(3)DN20 低压不锈钢管的工程量＝23.1－19.8＝3.30(m)

(4)DN15 低压不锈钢管的工程量＝1.2×2×7＝16.8(m)

计算实例 4 低压不锈钢板卷管

某低压不锈钢板卷管如图 1-5-7 所示，假设 DN100 的钢管长 1 600 m，保温层厚 60 mm，DN200 钢管长 800 m，保温层厚 80 mm。计算该低压不锈钢板卷管的工程量。

图 1-5-7 某管道剖面图

《工程量计算过程及结果》

(1)DN100 低压不锈钢卷管的工程量＝1 600(m)

(2)DN200 低压不锈钢卷管的工程量＝800(m)

计算实例 5 低压法兰铸铁管

某铸铁省煤器附件及管路图如图 1-5-8 所示，该管路图中所有管件均为低压法兰铸铁管，计算该低压法兰铸铁管的工程量。

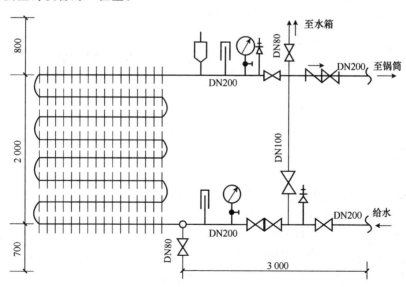

图 1-5-8 铸铁省煤器附件及管路图(单位:mm)

【工程量计算过程及结果】

(1)DN80 低压法兰铸铁管的工程量＝0.8＋0.7＝1.50(m)

(2)DN100 低压法兰铸铁管的工程量＝2.00(m)

(3)DN200 低压法兰铸铁管的工程量＝3×2＝6(m)

第二节　低压管件

一、清单工程量计算规则(表 1-5-2)

表 1-5-2　低压管件工程量计算规则

项目编码	项目名称	项目特征	计量单位	工程量计算规则	工程内容
030804001	低压碳钢管件	1. 材质 2. 规格 3. 连接方式 4. 补强圈材质、规格	个	按设计图示数量计算	1. 安装 2. 三通补强圈制作、安装
030804002	低压碳钢板卷管件				
030804003	低压不锈钢管件	1. 材质 2. 规格 3. 焊接方法 4. 补强圈材质、规格 5. 充氩保护方式、部位			1. 安装 2. 管件焊口充氩保护 3. 三通补强圈制作、安装
030804004	低压不锈钢板卷管件				
030804005	低压合金钢管件				
030804006	低压加热外套碳钢管件(两半)	1. 材质 2. 规格 3. 连接形式			安装
030804007	低压加热外套不锈钢管件(两半)				
030804008	低压铝及铝合金管件	1. 材质 2. 规格 3. 焊接方法 4. 补强圈材质、规格			1. 安装 2. 三通补强圈制作、安装
030804009	低压铝及铝合金板卷				
030804010	低压铜及铜合金管件	1. 材质 2. 规格 3. 焊接方法			安装

续上表

项目编码	项目名称	项目特征	计量单位	工程量计算规则	工程内容
030804011	低压钛及钛合金管件	1. 材质 2. 规格 3. 焊接方法 4. 充氩保护方式、部位	个	按设计图示数量计算	1. 安装 2. 管件焊口充氩保护
030804012	低压锆及锆合金管件				
030804013	低压镍及镍合金管件				
030804014	低压塑料管件	1. 材质 2. 规格 3. 连接形式 4. 接口材料			安装
030804015	金属骨架复合管件				
030804016	低压玻璃钢管件				
030804017	低压铸铁管件				
030804018	低压预应力混凝土转换件				

二、清单工程量计算

计算实例　低压不锈碳钢管件

某商场空调机房螺杆式压缩机冷却水系统图如图1-5-9所示,计算该系统的低压不锈钢管件的工程量。

已知:

(1)管道采用无缝不锈钢管材,管道连接采用电弧焊。

(2)三通现场挖眼制作,弯头机械煨弯,与管道电弧焊连接,阀门采用螺纹阀门。

(3)管道安装前要除锈、刷油(两遍红丹防锈漆,两遍调和漆)。

(4)管道安装完毕要进行管道系统空气吹扫,低中压管道要进行液压试验。

(5)焊口设计要求按50%作超声波无损伤探测。

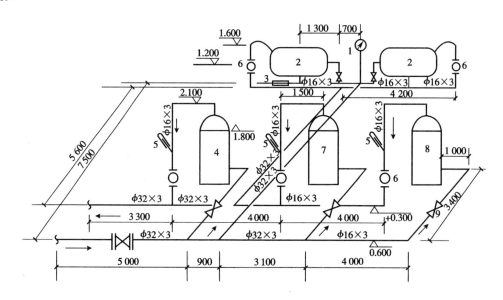

图 1-5-9 螺杆式压缩机冷却水系统图(单位:mm)

1—压力表;2—空压机主体;3—压力继电器;4—中间冷却器;

5—玻璃温度计;6—透视镜;7—末端冷却器;8—油冷却器;9—截止阀

§工程量计算过程及结果§

(1)DN16 三通的工程量＝5(个)

(2)DN32 三通的工程量＝7(个)

第三节　中 压 管 件

一、清单工程量计算规则(表 1-5-3)

表 1-5-3　中压管件工程量计算规则

项目编码	项目名称	项目特征	计量单位	工程量计算规则	工程内容
030805001	中压碳钢管件	1.材质 2.规格 3.焊接方法 4.补强圈材质、规格	个	按设计图示数量计算	1.安装 2.三通补强圈制作、安装
030805002	中压螺旋卷管件				
030805003	中压不锈钢管件	1.材质 2.规格 3.焊接方法 4.充氩保护方式、部位			1.安装 2.管件焊口充氩保护

续上表

项目编码	项目名称	项目特征	计量单位	工程量计算规则	工程内容
030805004	中压合金钢管件	1.材质 2.规格 3.焊接方法 4.充氩保护方式 5.补强圈材质、规格	个	按设计图示数量计算	1.安装 2.三通补强圈制作、安装
030805005	中压铜及铜合金管件	1.材质 2.规格 3.焊接方法			安装
030805006	中压钛及钛合金管件				
030805007	中压锆及锆合金管件	1.材质 2.规格 3.焊接方法 4.充氩保护方式、部位			1.安装 2.管件焊口充氩保护
030805008	中压镍及镍合金管件				

二、清单工程量计算

计算实例　中压碳钢管件

某氧气加压站工艺管道系统图如图 1-5-10 所示,计算中压碳钢管件的工程量。

已知:

(1)管道采用碳钢无缝钢管,连接均为电弧焊,阀门、法兰均为碳钢对焊法兰。

(2)管道安装完成要做空气吹扫、水压试验,外壁要刷油漆。

(3)缓冲罐引出管线采用厚度 60 mm 岩棉绝热层,外缠铝箔保护层。

《工程量计算过程及结果》

(1)碳钢对焊法兰的工程量＝4(副)。

(2)焊接阀门的工程量＝9(个)。

(3)弯头的工程量＝8＋1＝9(个),其中 $\phi 108 \times 4$ 有 8 个、133×5 有 1 个。

(4)三通的工程量＝4＋2＝6(个),其中 $\phi 108 \times 4$ 有 4 个、133×5 有 2 个。

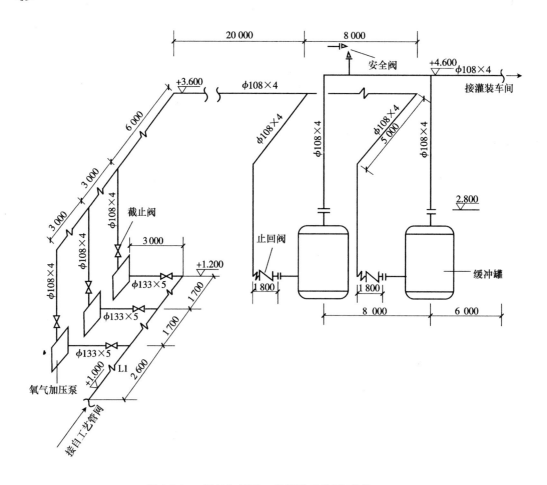

图 1-5-10　氧气加压站工艺管道系统图(单位:mm)

第四节　高压管件

一、清单工程量计算规则(表 1-5-4)

表 1-5-4　高压管件工程量计算规则

项目编码	项目名称	项目特征	计量单位	工程量计算规则	工程内容
030806001	高压 碳钢管件	1.材质 2.规格 3.连接形式、焊接方法 4.充氩保护方式、部位	个	按设计图示数量计算	1.安装 2.管件焊口充氩保护
030806002	高压 不锈钢管件				
030806003	高压 合金钢管件				

二、清单工程量计算

计算实例 高压碳钢管件

某蒸汽管道剖面图如图 1-5-11 所示,在一工厂生产厂区蒸汽输送管路中,共用到 6 个高压碳钢蒸汽管件,计算该管件的工程量。

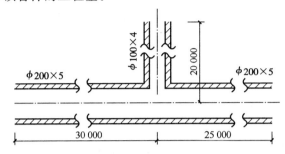

图 1-5-11 蒸汽管道剖面图(单位:mm)

注:套管上时,焊口间需加不锈钢短管衬垫,每处焊口按两个管件计算。

高压碳钢管件的工程量＝6(个)

第五节 低压阀门

一、清单工程量计算规则(表 1-5-5)

表 1-5-5 低压阀门工程量计算规则

项目编码	项目名称	项目特征	计量单位	工程量计算规则	工程内容
030807001	低压螺纹阀门	1.名称 2.材质 3.型号、规格 4.连接形式 5.焊接方法	个	按设计图示数量计算	1.安装 2.操纵装置安装 3.壳体压力试验、解体检查及研磨 4.调试
030807002	低压焊接阀门				
030807003	低压法兰阀门				
030807004	低压齿轮、液压传动、电动阀门				1.安装 2.壳体压力试验、解体检查及研磨 3.调试
030807005	低压安全阀门				

项目编码	项目名称	项目特征	计量单位	工程量计算规则	工程内容
030807006	低压调节阀门	1. 名称 2. 材质 3. 型号、规格 4. 连接形式	个	按设计图示数量计算	1. 安装 2. 临时短管装拆 3. 壳体压力试验、解体检查及研磨 4. 调试

二、清单工程量计算

计算实例1 低压法兰阀门

压缩机润滑油系统轴测图如图 1-5-12 所示,计算该系统图的低压法兰阀门工程量。

已知:压缩机润滑油系统图包括三个管道系统:蒸汽管道系统;冷却水管道系统;润滑油管道系统。

(1)蒸汽管道采用中压碳钢无缝钢管,管道连接采用电弧焊平焊。三通现场挖眼制作,弯头机械煨弯,法兰采用电弧焊平焊,阀门均采用法兰阀门。管道安装用动力工具除锈,刷油、防腐(醇酸清漆两遍,有机硅耐热漆两遍),外缠岩棉绝热层厚度 $\delta = 30$ mm,外包玻璃布保护层。安装完毕管道系统应进行蒸汽吹扫、低中压管道气压试验、低中压管道泄漏性试验。焊口要求按 100% 比例进行 X 射线无损伤探测。胶片规格 80 mm×150 mm。

(2)冷却水管道系统采用低压碳钢有缝钢管,管道连接采用电弧焊。三通、弯头直接购买成品件,阀门采用法兰阀门,法兰与管道对焊连接。管道用动力工具除锈,刷油、防腐处理(刷油红丹防锈漆两遍,刷调和漆两遍),焊口要求按 50% 比例作 X 光射线无损伤探测,胶片规格 80 mm×150 mm。管道安装完成后要做空气吹扫,低中压管道做液压试验和泄漏性试验。

(3)润滑油管道系统采用低压无缝铜管,管道连接采用氧乙炔焊,铜三通现场挖眼制作,弯头机械煨弯,阀门采用法兰阀门,法兰是翻边活套法兰。管道安装时要除锈(手工除锈)刷油醇酸清漆、有机硅耐热漆各两遍,外加绝热层厚度 $\delta = 5$ mm,泡沫玻璃瓦块。外加铝箔—复合玻璃钢保护层。焊口要按 50% 的比例作 X 射线无损伤探测,胶片规格 80 mm×150 mm。安装完毕要进空气吹扫、液压试验,之后进行管道系统碱清洗油清洗。

〖工程量计算过程及结果〗

(1)DN100 低压法兰阀门的工程量=2(个)

说明:该数从蒸汽管道系统中得出。

(2)DN80 低压法兰阀门的工程量=5(个)

(3)DN20 低压法兰阀门的工程量=2(个)

说明:该数从润滑油管道系统中得出,且阀门为截止阀。

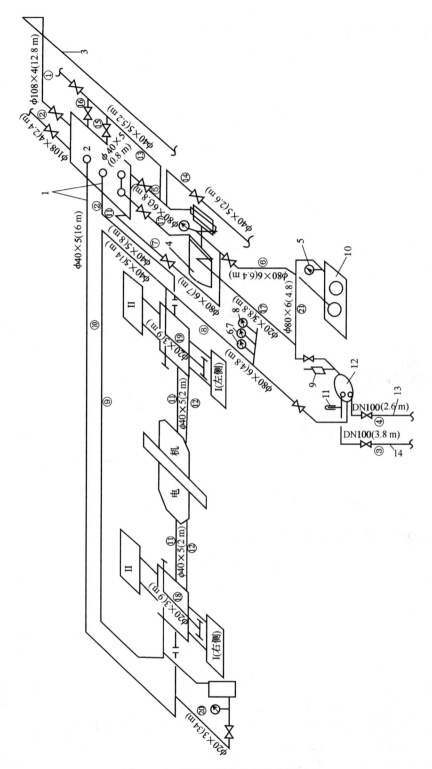

图 1-5-12　压缩机润滑油系统轴测图

1—润滑油管；2—油箱；3—蒸汽管；4—油泵；5、6—压力表；7、8—连接点压力表；

9—热电阻；10—凸线滤油器；11—水银温度计；12—油冷却器；13—至冷却水管；14—来自冷却水管

计算实例 2　低压调节阀门

某冷冻泵入口平面图如图 1-5-13 所示,计算低压调节阀门的工程量。

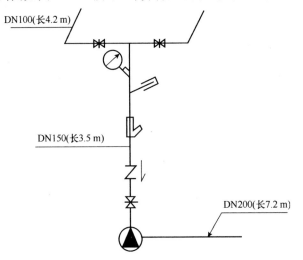

图 1-5-13　冷冻泵入口平面图

工程量计算过程及结果

DN100 低压调节阀门的工程量＝2(个)

DN150 低压调节阀门的工程量＝1(个)

DN200 低压调节阀门的工程量＝1(个)

第六节　中压阀门

一、清单工程量计算规则(表 1-5-6)

表 1-5-6　中压阀门工程量计算规则

项目编码	项目名称	项目特征	计量单位	工程量计算规则	工程内容
030808001	中压螺纹阀门	1.名称 2.材质 3.型号、规格 4.连接形式 5.焊接方法	个	按设计图示数量计算	1.安装 2.操纵装置安装 3.壳体压力试验、解体检查及研磨 4.调试
030808002	中压焊接阀门				
030808003	中压法兰阀门				
030808004	中压齿轮、液压传动、电动阀门				1.安装 2.壳体压力试验、解体检查及研磨 3.调试
030808005	中压安全阀门				

续上表

项目编码	项目名称	项目特征	计量单位	工程量计算规则	工程内容
030808006	中压调节阀门	1.名称 2.材质 3.型号、规格 4.连接形式	个	按设计图示数量计算	1.安装 2.临时短管装拆 3.壳体压力试验、解体检查及研磨 4.调试

二、清单工程量计算

计算实例 中压齿轮、液压传动、电动阀门

雷诺式煤气调压站管道系统示意图如图 1-5-14 所示,计算该系统中压齿轮、液压转动、电动阀门的工程量。

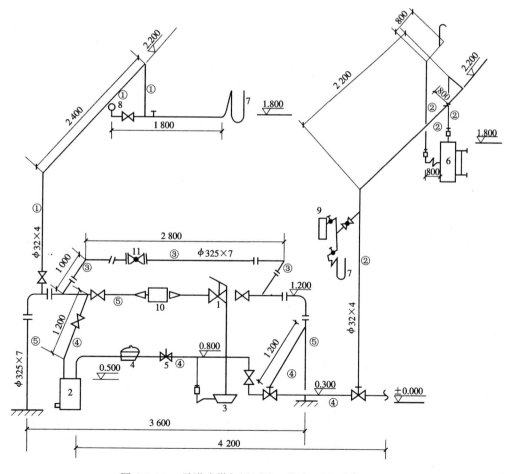

图 1-5-14 雷诺式煤气调压站工艺流程图(单位:mm)

1—主调压器(液压传动,电动阀门);2—脱萘筒;3—压力平衡器;

4—中压辅助调压器;5—针形阀;6—液位计;7—U形压力计;

8—中压自动压力计;9—低压自动压力计;10—过滤器;11—球阀

已知：

(1)管道325×7采用中压碳钢管，连接采用平焊法兰连接，管道 $\phi32\times4$ 采用中压不锈钢管，螺纹连接。

(2)所有阀门采用平焊法兰连接。

(3)管件中所有三通为现场挖眼制作、安装，弯头采用机械煨弯。

(4)管道系统安装完成之后要进行管道系统空气吹扫以及低中压管道泄漏性试验。

(5)管道系统需除锈、刷油、防腐，刷油为红丹防锈漆两遍，外涂 NSJ 特种防腐涂料。

(6)焊缝接口要进行 X 光射线无损伤探测，胶片规格为 80 mm×150 mm，设计要求 100% 进行探测。

液压传动、电动阀门的工程量＝1(个)

第七节　低　压　法　兰

一、清单工程量计算规则(表 1-5-7)

表 1-5-7　低压法兰工程量计算规则

项目编码	项目名称	项目特征	计量单位	工程量计算规则	工程内容
030810001	低压碳钢螺纹法兰	1.材质 2.结构形式 3.型号、规格	副(片)	按设计图示数量计算	1.安装 2.翻边活动法兰短管制作
030810002	低压碳钢焊接法兰	1.材质 2.结构形式 3.型号、规格 4.连接形式 5.焊接方法			
030810003	低压铜及铜合金法兰				
030810004	低压不锈钢法兰				1.安装 2.翻边活动法兰短管制作 3.焊口充氩保护
030810005	低压合金钢法兰	1.材质 2.结构形式 3.型号、规格 4.连接形式 5.焊接方法 6.充氩保护方式			
030810006	低压铝及铝合金法兰				
030810007	低压钛及钛合金法兰				
030810008	低压锆及锆合金法兰				
030810009	低压镍及镍合金法兰				

续上表

项目编码	项目名称	项目特征	计量单位	工程量计算规则	工程内容
030810010	钢骨架复合塑料法兰	1.材质 2.规格 3.连接形式 4.法兰垫片材质	副(片)	按设计图示数量计算	安装

二、清单工程量计算

计算实例　低压不锈钢法兰

某室外给水管管网的水表安装图如图 1-5-15 所示,给水管采用镀锌无缝钢管 DN40,阀门采用公称直径 DN40 的焊接阀门。计算该安装图中法兰的工程量。

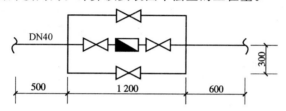

DN40

300

500　　1 200　　600

图 1-5-15　某室外给水管网水表安装图(单位:mm)

工程量计算过程及结果

低压不锈钢法兰的工程量＝4(副)

第八节　管件制作

一、清单工程量计算规则(表 1-5-8)

表 1-5-8　管件制作工程量计算规则

项目编码	项目名称	项目特征	计量单位	工程量计算规则	工程内容
030814001	碳钢板管件制作	1.材质 2.规格 3.焊接方法	t	按设计图示质量计算	1.制作 2.卷筒式板材开卷及平直
030814002	不锈钢板管件制作	1.材质 2.规格 3.焊接方法 4.充氩保护方式、部位			1.制作 2.焊口充氩保护
030814003	铝及铝合金板管件制作	1.材质 2.规格 3.焊接方法			制作

续上表

项目编码	项目名称	项目特征	计量单位	工程量计算规则	工程内容
030814004	碳钢管虾体弯制作	1. 材质 2. 规格 3. 焊接方法	个	按设计图示数量计算	制作
030814005	中压螺旋卷管虾体弯制作				
030814006	不锈钢管虾体弯制作	1. 材质 2. 规格 3. 焊接方法 4. 充氩保护方式、部位			1. 制作 2. 焊口充氩保护
030814007	铝及铝合金管虾体弯制作	1. 材质 2. 规格 3. 焊接方法			制作
030814008	铜及铜合金管虾体弯制作				
030814009	管道机械煨弯	1. 压力 2. 材质 3. 型号、规格			煨弯
030814010	管道中频煨弯				
030814011	塑料管煨弯	1. 材质 2. 型号、规格			

二、清单工程量计算

计算实例　管道中频煨弯

某空压机安装平面图和安装剖面图分别如图 1-5-16 和图 1-5-17 所示,计算该安装工程管道中频煨弯的工程量。

已知:

(1)管道为碳钢无缝钢管,管道压力 3.2 MPa,管道连接采用氩电联焊。

(2)阀门采用平焊法兰连接,所有三通均为现场挖眼制作,弯头采用低中压碳钢管中频煨弯,变径管现场撞制。

(3)管道安装前要除锈,完成后要进行空气吹扫、低中压管道气压试验、低中压管道泄漏性试验。

(4)管道系统要进行刷油防腐处理,空压机之后管道要用 $\delta=80$ mm 厚的岩棉保温,外加麻布面、石棉布面刷调和漆两遍。

（5）埋地管段进行刚性防水套管制作安装。

（6）管道系统焊口要进行 X 光射线无损伤探测，胶片规格为 300 mm×80 mm，设计要求 100％进行探测。

（7）管道支架两个，每个 25 kg。

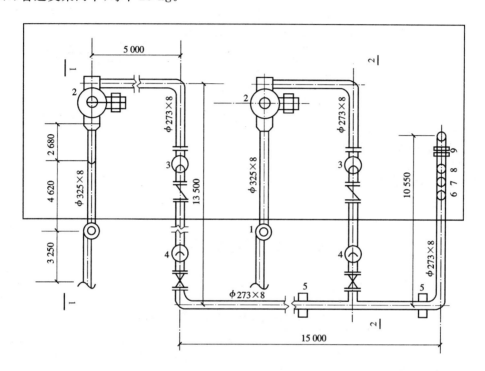

图 1-5-16　空压机安装平面图（单位：mm）

1—油浴式过滤器；2—空压机；3—后冷却器；4—储气罐；5—管道支架；

6—温度变送器；7—压力变送器；8—流量变送器；9—节流装置

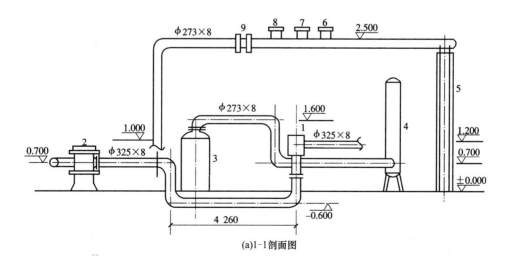

(a)1-1剖面图

图　1-5-17

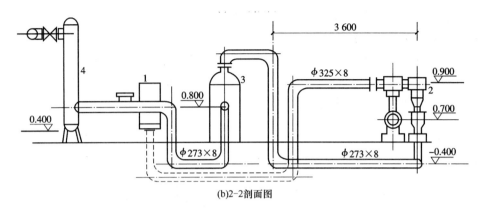

图 1-5-17 空压机安装剖面图(单位:mm)

《工程量计算过程及结果》

DN250 管道中频煨弯的工程量＝21(个)

DN300 管道中频煨弯的工程量＝6(个)

第九节 无损探伤与热处理

一、清单工程量计算规则(表 1-5-9)

表 1-5-9 无损探伤与热处理工程量计算规则

项目编码	项目名称	项目特征	计量单位	工程量计算规则	工程内容
030816001	管材表面超声波探伤	1.名称 2.规格	1. m 2. m²	1.以米计量,按管材无损探伤长度计算 2.以平方米计量,按管材表面探伤检测面积计算	探伤
030816002	管材表面磁粉探伤				
030816003	焊缝 X 射线探伤	1.名称 2.底片规格 3.管壁厚度	张 (口)		
030816004	焊缝 γ 射线探伤			按规范或设计技术要求计算	
030816005	焊缝超声波探伤	1.名称 2.管道规格 3.对比试块设计要求	口		1.探伤 2.对比试块的制作
030816006	焊缝磁粉探伤	1.名称 2.管道规格			探伤
030816007	焊缝渗透探伤				

续上表

项目编码	项目名称	项目特征	计量单位	工程量计算规则	工程内容
030816008	焊前预热、后热处理	1.材质 2.规格及管壁厚 3.压力等级 4.热处理方法 5.硬度测定设计要求	口	按规范或设计技术要求计算	1.热处理 2.硬度测定
030816009	焊口热处理				

二、清单工程量计算

计算实例　焊缝超声波探伤

某化工厂部分热交换站装置管道系统图如图 1-5-18 所示,其中管道系统工作压力为 2.0 MPa,计算此换热装置管道系统焊缝超声波探伤工程量。

已知:

(1)管道采用 20 根无缝钢管,管件弯头采用成品冲压弯头,三通、四通现场挖眼连接,异径管现场摔制。

(2)所有法兰为碳钢对焊法兰;阀门除图中说明外,均为 J41H—25,采用对焊法兰连接;系统连接全部采用电弧焊。

(3)管道支架为普通支架,其中 219×6 管支架共 12 处,每处 25 kg,159×6 管支架共 10 处,每处 20 kg;支架手工除锈后刷防锈漆、调和漆两遍。

(4)管道安装完毕作水压试验,对管道焊口按 50% 的比例作超声波探伤,其焊口总数为 219×6 管道焊口 18 口,159×6 管道焊口 22 口。

(5)管道安装就位后,除对管道外壁除锈后刷漆两遍外,还应采用岩棉管壳(厚度 60 mm)作绝热层,外包铝箔保护层。

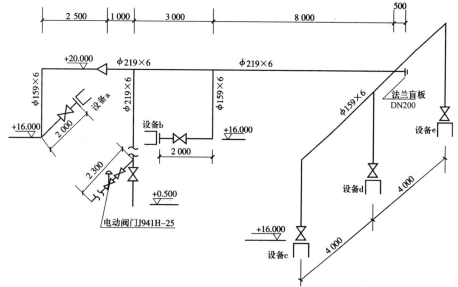

图 1-5-18　某化工厂部分热交换站装置管道系统图(单位:mm)

《工程量计算过程及结果》

(1) $\phi219\times6$ 管焊缝超声波探伤的工程量＝$18\times50\%$ ＝9(口)

(2) $\phi159\times6$ 管焊缝超声波探伤的工程量＝$22\times50\%$ ＝11(口)

第六章 消防工程

第一节 水灭火系统

一、清单工程量计算规则(表 1-6-1)

表 1-6-1 水灭火系统工程量计算规则

项目编码	项目名称	项目特征	计量单位	工程量计算规则	工程内容
030901001	水喷淋钢管	1.安装部位 2.材质、规格 3.连接形式 4.钢管镀锌设计要求	m	按设计图示管道中心线以长度计算	1.管道及管件安装 2.钢管镀锌 3.压力试验 4.冲洗 5.管道标识
030901002	消火栓钢管	5.压力试验及冲洗设计要求 6.管道标识设计要求			
030901003	水喷淋(雾)喷头	1.安装部位 2.材质、型号、规格 3.连接形式 4.装饰盘设计要求	个	按设计图示数量计算	1.安装 2.装饰盘安装 3.严密性试验
030901004	报警装置	1.名称 2.型号、规格	组		1.安装 2.电气接线 3.调试
030901005	温感式水幕装置	1.型号、规格 2.连接形式			
030901006	水流指示器	1.规格、型号 2.连接形式	个		
030901007	减压孔板	1.材质、规格 2.连接形式			
030901008	末端试水装置	1.规格 2.组装形式	组		
030901009	集热板制作安装	1.材质 2.支架形式	套		1.制作、安装 2.支架制作、安装

续上表

项目编码	项目名称	项目特征	计量单位	工程量计算规则	工程内容
030901010	室内消防栓	1.安装方式 2.型号、规格 3.附件材质、规格	套	按设计图示数量计算	1.箱体及消火栓安装 2.配件安装
030901011	室外消防栓				1.安装 2.配件安装
030901012	消防水泵接合器	1.安装部位 2.型号、规格 3.附件材质、规格			1.安装 2.附件安装
030901013	灭火器	1.形式 2.规格、型号	具 (组)		设置
030901014	消防水炮	1.水炮类型 2.压力等级 3.保护半径	台		1.本体安装 2.调试

二、清单工程量计算

计算实例1 水喷淋镀锌钢管

某教学楼消防系统示意图,如图 1-6-1 所示,竖直管段及水平引入管均采用 DN100 镀锌钢管,一层水平管段采用 DN80 镀锌钢管,其连接形式采用螺纹连接。计算水喷淋镀锌钢管的工程量。

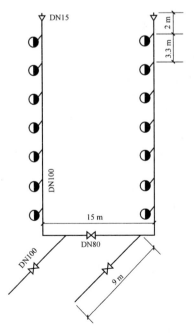

图 1-6-1 某教学楼消防系统示意图

╔══════════════════════════════╗
║ 《工程量计算过程及结果》
╚══════════════════════════════╝

(1)DN100水喷淋镀锌钢管的工程量计算。

1)DN100水喷淋镀锌钢管室内部分的工程量=3.3×7×2=46.20(m)

说明:层高3.3 m,楼层数为7层,两个竖管系统。

2)DN100水喷淋镀锌钢管室外部分的工程量:9×2=18(m)

说明:水平引入管的长度为9 m,两根引入管。

DN100水喷淋镀锌钢管的工程量=46.20+18=64.20(m)

(2)DN80水喷淋镀锌钢管的工程量计算。

DN80水喷淋镀锌钢管的工程量=15(m)

计算实例2　消火栓镀锌钢管

某室外地上式消火栓示意图如图1-6-2所示,其为直径150 mm、栓口直径65 mm的镀锌钢管,采用法兰连接,承压10 MPa。计算该消火栓镀锌钢管的工程量。

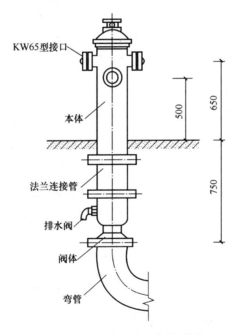

图1-6-2 室外地上式消火栓示意图(单位:mm)

╔══════════════════════════════╗
║ 《工程量计算过程及结果》
╚══════════════════════════════╝

DN150消火栓镀锌钢管的工程量=0.65+0.75=1.40(m)

说明:消火栓钢管长度为地上部分与地下部分的总和。

计算实例3　水喷头

某宾馆湿式自动喷水灭火系统示意图如图1-6-3所示,喷头流量特性系数为80,喷头处压力为0.1 MPa,计算水喷头工程量。

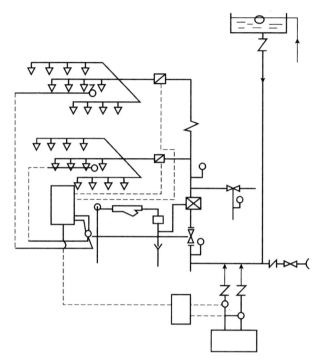

图 1-6-3 湿式自动喷水灭火系统示意

《工程量计算过程及结果》

水喷头的工程量＝24(个)

计算实例 4 消火栓

某三层办公楼消防供水系统图如图 1-6-4 所示,消火栓的栓口直径为 65 mm,配备的水带长度为 20 m,水枪喷嘴口径为 16 mm,如图 1-6-5 所示,计算消火栓的工程量。

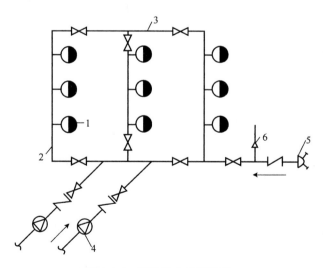

图 1-6-4 消防供水系统示意

1—室内消火栓;2—消防立管;3—干管;4—消防水泵;5—水泵接合器;6—安全阀

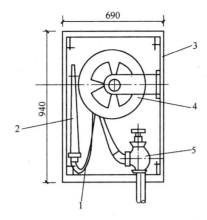

图 1-6-5 室内消火栓(单位:mm)

1—水龙带;2—水枪;3—消防栓箱体;4—消火栓水龙带架;5—消火栓

消火栓的工程量=9(套)

第二节 气体灭火系统

一、清单工程量计算规则(表 1-6-2)

表 1-6-2 气体灭火系统工程量计算规则

项目编码	项目名称	项目特征	计量单位	工程量计算规则	工程内容
030902001	无缝钢管	1.介质 2.材质、压力等级 3.规格 4.焊接方法 5.钢管镀锌设计要求 6.压力试验及吹扫设计要求 7.管道标识设计要求	m	按设计图示管道中心线以长度计算	1.管道安装 2.管件安装 3.钢管镀锌 4.压力试验 5.吹扫 6.管道标识
030902002	不锈钢管	1.材质、压力等级 2.规格 3.焊接方法 4.充氩保护方式、部位 5.压力试验及吹扫设计要求 6.管道标识设计要求			1.管道安装 2.焊口充氩保护 3.压力试验 4.吹扫 5.管道标识

续上表

项目编码	项目名称	项目特征	计量单位	工程量计算规则	工程内容
030902003	不锈钢管件	1.材质、压力等级 2.规格 3.焊接方法 4.充氩保护方式、部位	个	按设计图示数量计算	1.管件安装 2.管件焊口充氩保护
030902004	气体驱动装置管道	1.材质、压力等级 2.规格 3.焊接方法 4.压力试验及吹扫设计要求 5.管道标识设计要求	m	按设计图示管道中心线以长度计算	1.管道安装 2.压力试验 3.吹扫 4.管道标识
030902005	选择阀	1.材质 2.型号、规格 3.连接形式	个		1.安装 2.压力试验
030902006	气体喷头				喷头安装
030902007	储存装置	1.介质、类型 2.型号、规格 3.气体增压设计要求	套	按设计图示数量计算	1.贮存装置安装 2.系统组件安装 3.气体增压
030902008	称重检漏装置	1.型号 2.规格			1.安装 2.调试
030902009	无管网气体灭火装置	1.类型 2.型号、规格 3.安装部位 4.调试要求			

二、清单工程量计算

计算实例1　无缝钢管

某综合大楼地下室配电房 CO_2 灭火系统平面图如图1-6-6所示,已知:高压房中末端干管长度为4.3 m,计算消防安装工程中无缝钢管的工程量。

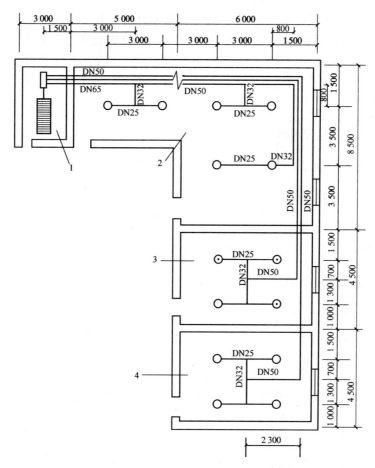

图-6-6　某综合大楼地下室配电房 CO_2 灭火系统平面示意图(单位:mm)

1—气瓶室;2—高压房;3—变压房;4—低压房

工程量计算过程及结果

(1)DN25 无缝钢管的工程量=3×7=21(m)

(2)DN32 无缝钢管的工程量=0.8×3+2.0×2+4.3=10.7(m)

说明:4.3 m 为高压房中末端干管长度。

(3)DN50 无缝钢管工程量计算。

1)①5+6−0.7+0.8+3.5+3.5+1.5+2+1+1.5+0.7+2.3=27.1(m)

②5+6−0.7+0.8+3.5+3.5+1.5+0.7+2.3=22.6(m)

③5+6−0.7−3+0.8+3.5=11.6(m)

合计:27.1+22.6+11.6=61.3(m)

2)1.5×2=3.0(m)(气瓶室内)

DN50 无缝钢管的工程量=61.3+3.0=64.3(m)

(4) DN65 无缝钢管的工程量=3(气瓶室外)+1.5(气瓶室内)=4.50(m)

计算实例 2　气体驱动装置管道

某市电信局办公楼气体灭火中采用自动控制、手动控制和机械应急操作三种启动方式。当采用火灾探测器时,灭火系统的自动控制开关应在接收到两个独立的火灾信号后才能启动。

根据人员疏散要求,灭火系统采用延迟启动形式,延迟时间小于 30 s。其管材采用内外镀锌处理的无缝钢管,系统启动管道采用铜管,总长度为 45 m,公称直径小于或等于 80 mm 的管道采用螺纹连接。二氧化碳储存钢瓶的工作压力为 15 MPa,容器阀上应设置泄压装置,其泄压动作压力为 (19 ± 0.95) MPa,集流管上设置泄压安全阀,泄压动作压力为 (15 ± 0.75) MPa。计算气体驱动装置管道的工程量。

【工程量计算过程及结果】

气体驱动装置管道的工程量＝45(m)

计算实例 3　选择阀

某二氧化碳气体灭火系统设置螺纹连接不锈钢管 DN25、DN32 的选择阀各 2 个,安装前对其进行水压强度及气压严密性试验,计算选择阀的工程量。

【工程量计算过程及结果】

(1)DN25 选择阀的工程量＝2(个)
(2)DN32 选择阀的工程量＝2(个)

计算实例 4　气体喷头

某车间气体灭火系统示意图如图 1-6-7 所示,计算该系统中气体喷头的工程量。

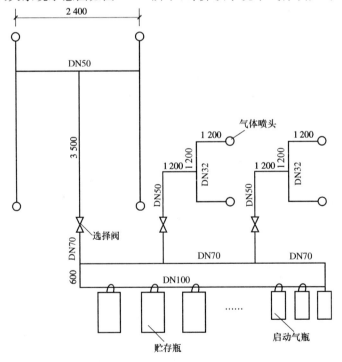

图 1-6-7 某车间气体灭火系统示意图(单位:mm)

【工程量计算过程及结果】

气体喷头的工程量＝8(个)

第三节 泡沫灭火系统

一、清单工程量计算规则（表 1-6-3）

表 1-6-3 泡沫灭火系统工程量计算规则

项目编码	项目名称	项目特征	计量单位	工程量计算规则	工程内容
030903001	碳钢管	1.材质、压力等级 2.规格 3.焊接方法 4.无缝钢管镀锌设计要求 5.压力试验、吹扫设计要求 6.管道标识设计要求	m	按设计图示管道中心线以长度计算	1.管道安装 2.管件安装 3.无缝钢管镀锌 4.压力试验 5.吹扫 6.管道标识
030903002	不锈钢管	1.材质、压力等级 2.规格 3.焊接方法 4.充氩保护方式、部位 5.压力试验、吹扫设计要求 6.管道标识设计要求			1.管道安装 2.焊口充氩保护 3.压力试验 4.吹扫 5.管道标识
030903003	铜管	1.材质、压力等级 2.规格 3.焊接方法 4.压力试验、吹扫设计要求 5.管道标识设计要求			1.管道安装 2.压力试验 3.吹扫 4.管道标识
030903004	不锈钢管件	1.材质、压力等级 2.规格 3.焊接方法 4.充氩保护方式、部位	个	按设计图示数量计算	1.管件安装 2.管件焊口充氩保护
030903005	铜管管件	1.材质、压力等级 2.规格 3.焊接方法			管件安装

续上表

项目编码	项目名称	项目特征	计量单位	工程量计算规则	工程内容
030903006	泡沫发生器	1. 类型 2. 型号、规格 3. 二次灌浆材料	台	按设计图示数量计算	1. 安装 2. 调试 3. 二次灌浆
030903007	泡沫比例混合器				
030903008	泡沫液贮罐	1. 质量/容量 2. 型号、规格 3. 二次灌浆材料			

二、清单工程量计算

计算实例1　碳钢管

某工厂泡沫灭火系统示意图如图1-6-8所示,所有管道均采用碳钢管连接。计算该泡沫灭火系统碳钢管的工程量。

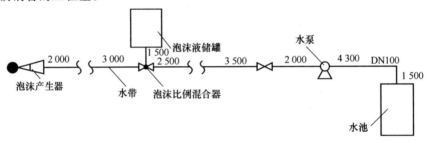

图1-6-8　泡沫灭火系统示意(单位:mm)

工程量计算过程及结果

碳钢管的工程量＝2＋3＋1.5＋2.5＋3.5＋2＋4.3＋1.5＝20.30(m)

计算实例2　泡沫液贮罐

某泡沫液贮罐如图1-6-9所示,计算该泡沫液贮罐的工程量。

图1-6-9　泡沫液贮罐

工程量计算过程及结果

泡沫液贮罐的工程量＝1(台)

第四节 火灾自动报警系统

一、清单工程量计算规则(表 1-6-4)

表 1-6-4 火灾自动报警系统工程量计算规则

项目编码	项目名称	项目特征	计量单位	工程量计算规则	工程内容
030904001	点型探测器	1.名称 2.规格 3.线制 4.类型	个	按设计图示数量计算	1.底座安装 2.探头安装 3.校接线 4.编码 5.探测器调试
030904002	线型探测器	1.名称 2.规格 3.安装方式	m	按设计图示长度计算	1.探测器安装 2.接口模块安装 3.报警终端安装 4.校接线
030904003	按钮	1.名称 2.规格	个	按设计图示数量计算	1.安装 2.校接线 3.编码 4.调试
030904004	消防警铃				
030904005	声光报警器				
030904006	消防报警电话插孔(电话)	1.名称 2.规格 3.安装方式	个 (部)		
030904007	消防广播(扬声器)	1.名称 2.功率 3.安装方式	个		
030904008	模块(模块箱)	1.名称 2.规格 3.类型 4.输出形式	个 (台)		

项目编码	项目名称	项目特征	计量单位	工程量计算规则	工程内容
030904009	区域报警控制箱	1.多线制 2.总线制 3.安装方式 4.控制点数量 5.显示器类型	台	按设计图示数量计算	1.本体安装 2.校接线、摇测绝缘电阻 3.排线、绑扎、导线标识 4.显示器安装 5.调试
030904010	联动控制箱				
030904011	远程控制箱(柜)	1.规格 2.控制回路			1.安装 2.校接线 3.调试
030904012	火灾报警系统控制主机				
030904013	联动控制主机	1.规格、线制 2.控制回路 3.安装方式			
030904014	消防广播及对讲电话主机(柜)				
030904015	火灾报警控制微机(CRT)	1.规格 2.安装方式			1.安装 2.调试
030904016	备用电源及电池主机(柜)	1.名称 2.容量 3.安装方式	套		
030904017	报警联动一体机	1.规格、线制 2.控制回路 3.安装方式	台		1.安装 2.校接线 3.调试

二、清单工程量计算

计算实例　报警联动一体机

某宾馆火灾自动报警系统安装图如图 1-6-10 所示,计算该系统报警联动一体机的工程量。

报警联动一体机的工程量＝1(台)

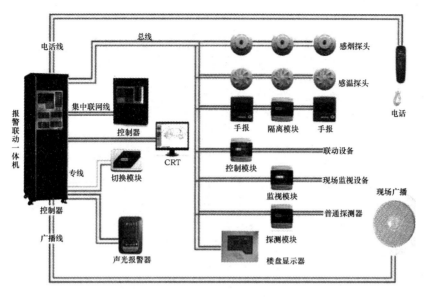

图 1-6-10 某宾馆火灾自动报警系统安装图

第五节 消防系统调试

一、清单工程量计算规则（表 1-6-5）

表 1-6-5 消防系统调试工程量计算规则

项目编码	项目名称	项目特征	计量单位	工程量计算规则	工程内容
030905001	自动报警系统调试	1.点数 2.线制	系统	按系统计算	系统调试
030905002	水灭火控制装置调试	系统形式	点	按控制装置的点数计算	调试
030905003	防火控制装置调试	1.名称 2.类型	个（部）	按设计图示数量计算	
030905004	气体灭火系统装置调试	1.试验容器规格 2.气体试喷	点	按调试、检验和验收所消耗的试验容器总数计算	1.模拟喷气试验 2.备用灭火器贮存容器切换操作试验 3.气体试喷

二、清单工程量计算

计算实例 水灭火系统控制装置调试

湿式喷淋系统示意图如图 1-6-11 所示,计算水灭火系统控制装置调试的工程量。

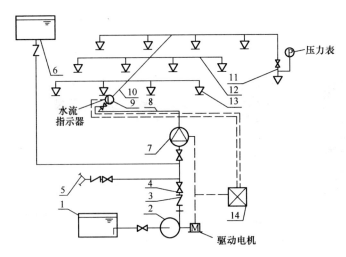

图 1-6-11　湿式喷淋系统示意图

1—水池；2—水泵；3—止回阀；4—闸阀；5—水泵接合器；6—消防水箱；7—湿式报警阀组；

8—配水干管；9—水流指示器；10—配水管；11—末端试水装置；12—配水支管；

13—闭式洒水喷头；14—报警控制器

《工程量计算过程及结果》

水灭火系统控制装置调试的工程量＝1(点)

第七章　给排水、采暖、燃气工程

第一节　给排水、采暖、燃气管道

一、清单工程量计算规则（表1-7-1）

表1-7-1　给排水、采暖、燃气管道工程量计算规则

项目编码	项目名称	项目特征	计量单位	工程量计算规则	工程内容
031001001	镀锌钢管	1. 安装部位 2. 介质 3. 规格、压力等级 4. 连接形式 5. 压力试验及吹、洗设计要求 6. 警示带形式	m	按设计图示管道中心线以长度计算	1. 管道安装 2. 管件制作、安装 3. 压力试验 4. 吹扫、冲洗 5. 警示带铺设
031001002	钢管
031001003	不锈钢管
031001004	铜管
031001005	铸铁管	1. 安装部位 2. 介质 3. 材质、规格 4. 连接形式 5. 接口材料 6. 压力试验及吹、洗设计要求 7. 警示带形式			1. 管道安装 2. 管件安装 3. 压力试验 4. 吹扫、冲洗 5. 警示带铺设
031001006	塑料管	1. 安装部位 2. 介质 3. 材质、规格 4. 连接形式 5. 阻火圈设计要求 6. 压力试验及吹、洗设计要求 7. 警示带形式			1. 管道安装 2. 管件安装 3. 塑料卡固定 4. 阻火圈安装 5. 压力试验 6. 吹扫、冲洗 7. 警示带铺设

项目编码	项目名称	项目特征	计量单位	工程量计算规则	工程内容
031001007	复合管	1.安装部位 2.介质 3.材质、规格 4.连接形式 5.压力试验及吹、洗设计要求 6.警示带形式			1.管道安装 2.管件安装 3.塑料卡固定 4.压力试验 5.吹扫、冲洗 6.警示带铺设
031001008	直埋式预制保温管	1.埋设深度 2.介质 3.管道材质、规格 4.连接形式 5.接口保温材料 6.压力试验及吹、洗设计要求 7.警示带形式	m	按设计图示管道中心线以长度计算	1.管道安装 2.管件安装 3.接口保温 4.压力试验 5.吹扫、冲洗 6.警示带铺设
031001009	承插陶瓷缸瓦管	1.埋设深度 2.规格 3.接口方式及材料 4.压力试验及吹、洗设计要求 5.警示带形式			1.管道安装 2.管件安装 3.压力试验 4.吹扫、冲洗 5.警示带铺设
031001010	承插水泥管				
031001011	室外管道碰头	1.介质 2.碰头形式 3.材质、规格 4.连接形式 5.防腐、绝热设计要求	处	按设计图示以处计算	1.挖填工作坑或暖气沟拆除及修复 2.碰头 3.接口处防腐 4.接口处绝热及保护层

二、清单工程量计算

计算实例1 镀锌钢管

例1 某浴室给水系统示意图如图 1-7-1 所示,室内给水管材采用热浸镀锌钢管螺纹连接,明装管道外刷面漆两道,设淋浴喷头8个,洗手水龙头2个,计算该给水系统的镀锌钢管工程量。

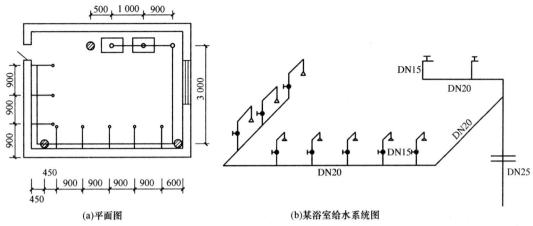

(a)平面图　　　　　　　　　　(b)某浴室给水系统图

图 1-7-1　某浴室给水系统示意图(单位:mm)

工程量计算过程及结果

(1)DN25 镀锌钢管(立管部分)的工程量＝1.0(m)(套管至分支管处长度)

(2)DN20 镀锌钢管(立管部分)＝0.5(m)(立管分支处到与水平管交点处)

DN20 镀锌钢管(水平部分)＝1.0(洗手水龙头部分)＋0.9(水龙头与立管间距)＋3.0(立管与淋浴器支管连接管之间)＋0.6＋0.9×8(两个淋浴器之间间距为 0.8 m,共 8 段)＝12.70(m)

DN20 镀锌钢管的工程量＝0.5＋12.70＝13.20(m)

(3)DN15 镀锌钢管的工程量＝0.5×2(两个洗手盆水龙头,每一个的长度为 0.5 m)＋0.9×8(每个淋浴器分支管与水平管的距离为 0.9 m)＋0.3×8(淋浴器竖直分支管与喷头之间的连接管段长为 0.3 m)＝10.60(m)

例 2　图 1-7-2 是某厨房给水系统部分管道,该管道采用镀锌钢管,螺纹连接,试计算镀锌钢管的工程量。

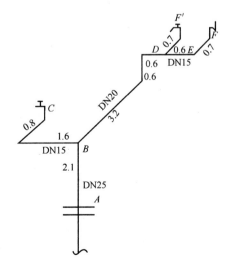

图 1-7-2　某厨房给水系统示意

(1)DN25 镀锌钢管的工程量＝2.10(m)(节点 A 到节点 B)

(2)DN20 镀锌钢管的工程量＝3.2＋0.6＋0.6＝4.40(m)(节点 B 到节点 D)

(3)DN15 镀锌钢管的工程量＝1.6＋0.8(节点 B 到节点 C)＋0.7(节点 D 到节点 F')＋0.6(节点 D 到节点 E)＋0.7(节点 E 到节点 F)＝4.4(m)

计算实例 2　钢管

某住宅楼采暖系统方管安装示意图如图 1-7-3 所示,计算该系统钢管的工程量(方管采用的是 DN25 焊接钢管,单管顺流式连接)。

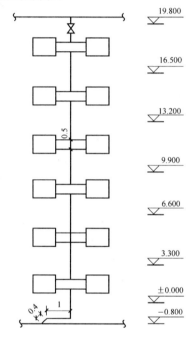

图 1-7-3　采暖系统示意图

DN25 焊接钢管的工程量＝[19.8－(－0.8)]＋0.4＋1－0.5×6＝19.00(m)

说明:19.8－(－0.8)为标高差,0.4 为竖直埋管长度,1 为水平埋管长度,0.5 为散热器进出水管中心距,6 为该楼的层数。

计算实例 3　塑料管(UPVC、PVC、PP-C、PP-R、PE 管等)

某建筑工程给水系统采用 UPVC 管,共用该类管管长 845.50 m,计算 UPVC 塑料管的工程量。

UPVC 塑料管的工程量＝845.50(m)

第二节 管道支架制作安装

一、清单工程量计算规则（表 1-7-2）

表 1-7-2 管道支架制作安装工程量计算规则

项目编码	项目名称	项目特征	计量单位	工程量计算规则	工程内容
031002001	管道支架	1.材质 2.管架形式	1. kg 2. 套	1.以千克计量，按设计图示质量计算 2.以套计量，按设计图示数量计算	1.制作 2.安装
031002002	设备支架	1.材质 2.形式			
031002003	套管	1.名称、类型 2.材质 3.规格 4.填料材质	个	按设计图示数量计算	1.制作 2.安装 3.除锈、刷油

二、清单工程量计算

计算实例 管道支架制作安装

某不锈钢管道支架如图 1-7-4 所示，共需要此支架 33 个，单个重量为 0.25 kg。计算管道支架制作安装的工程量。

图 1-7-4 不锈钢管道支架

工程量计算过程及结果

不锈钢管道支架的工程量＝33×0.25 ＝8.25（kg）

第三节 管道附件

一、清单工程量计算规则(表 1-8-3)

表 1-8-3 管道附件工程量计算规则

项目编码	项目名称	项目特征	计量单位	工程量计算规则	工程内容
031003001	螺纹阀门	1.类型 2.材质 3.规格、压力等级 4.连接形式 5.焊接方法	个	按设计图示数量计算	1.安装 2.电气接线 3.调试
031003002	螺纹法兰阀门				
031003003	焊接法兰阀门				
031003004	带短管甲乙阀门	1.材质 2.规格、压力等级 3.连接形式 4.接口方式及材质			
031003005	塑料阀门	1.规格 2.连接方式			1.安装 2.调试
031003006	减压器	1.材质 2.规格、压力等级 3.连接形式 4.附件配置	组		组装
031003007	疏水器				
031003008	除污器 (过滤器)	1.材质 2.规格、压力等级 3.连接形式			安装
031003009	补偿器	1.类型 2.材质 3.规格、压力等级 4.连接形式	个		
031003010	软接头 (软管)	1.材质 2.规格 3.连接形式	个 (组)		
031003011	法兰	1.材质 2.规格、压力等级 3.连接形式	副 (片)		

续上表

项目编码	项目名称	项目特征	计量单位	工程量计算规则	工程内容
031003012	倒流防止器	1.材质 2.型号、规格 3.连接形式	套		安装
031003013	水表	1.安装部位(室内外) 2.型号、规格 3.连接形式 4.附件配置	组(个)	按设计图示数量计算	组装
031003014	热量表	1.类型 2.型号、规格 3.连接形式	块		
031003015	塑料排水管消声器	1.规格 2.连接方式	个		安装
031003016	浮标液面计		组		
031003017	漂浮水位标尺	1.用途 2.规格	套		

二、清单工程量计算

计算实例1 螺纹阀门

例1 某住宅楼供暖系统部分立管示意图如图 1-7-5 所示,该住宅楼共五层,每层均为 3.0 m,计算螺纹阀门工程量。

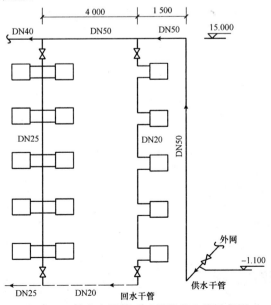

图 1-7-5 某住宅楼供暖系统部分立管示意图

（1）DN50 螺纹阀门的工程量＝1（个）

（2）DN25 螺纹阀门的工程量＝2（个）

（3）DN20 螺纹阀门的工程量＝2（个）

例 2 某卫生间给水系统和排水系统示意图，分别如图 1-7-6 和图 1-7-7 所示，室内给水管采用热浸镀锌钢管，连接方式为螺纹连接明装，管道外刷面漆二道，排水管材为承插铸铁管，计算螺纹阀门的工程量。

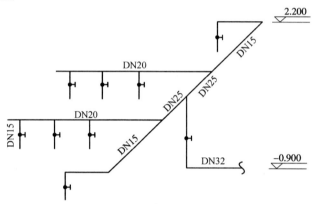

图 1-7-6　某卫生间给水系统图

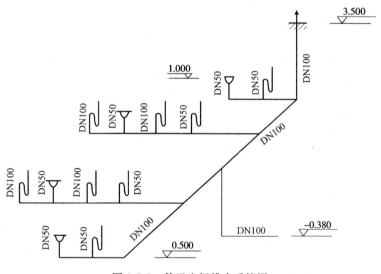

图 1-7-7　某卫生间排水系统图

DN32 螺纹阀门的工程量＝1（个）

DN15 螺纹阀门的工程量＝8（个）

计算实例 2　螺纹法兰阀门

图 1-7-8 是某采暖工程平面图，其系统图如图 1-7-9 所示，管道为焊接钢管，其接口方式为

立、支管采用螺纹连接,其余用焊接。

阀门型号:总阀为 J41T—1.6,其余为 J111—1.6,进出口立支管管径为 DN20。

采用四柱 760 型散热器。焊接钢管除锈后刷红丹防锈漆两遍,银粉漆两遍。试计算螺纹法兰阀门工程量。

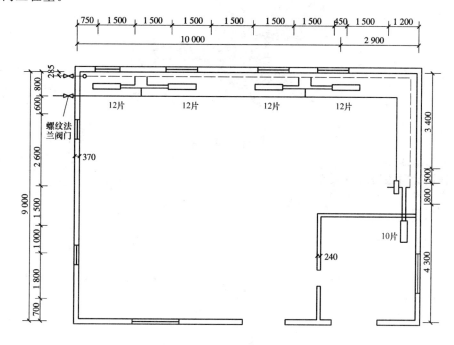

图 1-7-8　采暖平面图

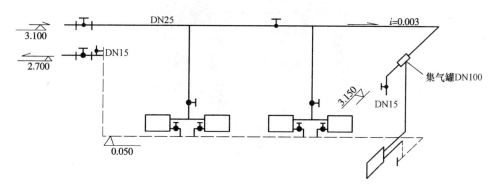

图 1-7-9　采暖系统图

《工程量计算过程及结果》

螺纹法兰阀门的工程量=2(个)

计算实例 3　减压器

某工程需用到氧气减压器 1 个,如图 1-7-10 所示,该类型减压器一般质量为 3 kg,计算该工程减压器的工程量。

图 1-7-10　减压器

《工程量计算过程及结果》

减压的工程量＝1(个)

计算实例 4　疏水器

某管道工程采用 DN50 疏水器,如图 1-7-11 所示,共安装 8 组该疏水器(24 kg),计算该工程中疏水器的工程量。

图 1-7-11　DN50 疏水器

《工程量计算过程及结果》

疏水器的工程量＝8(组)

第四节 卫生器具制作安装

一、清单工程量计算规则（表1-7-4）

表1-7-4 卫生器具制作安装工程量计算规则

项目编码	项目名称	项目特征	计量单位	工程量计算规则	工程内容
031004001	浴缸	1.材质 2.规格、类型 3.组装形式 4.附件名称、数量	组	按设计图示数量计算	1.器具安装 2.附件安装
031004002	净身盆				
031004003	洗脸盆				
031004004	洗涤盆				
031004005	化验盆				
031004006	大便盆				
031004007	小便盆				
031004008	其他成品卫生器具				
031004009	烘手器	1.材质 2.型号、规格	个		安装
031004010	淋浴器	1.材质、规格 2.组装形式 3.附件名称、数量	套		1.器具安装 2.附件安装
031004011	淋浴间				
031004012	桑拿浴房				
031004013	大、小便槽自动冲洗水箱	1.材质、类型 2.规格 3.水箱配件 4.支架形式及做法 5.器具及支架除锈刷油设计要求			1.制作 2.安装 3.支架制作、安装 4.除锈、刷油
031004014	给、排水附(配)件	1.材质 2.型号、规格 3.安装方式	个（组）		安装
031004015	小便槽冲洗	1.材质 2.规格	m	按设计图示长度计算	1.制作 2.安装
031004016	蒸气一水加热器	1.类型 2.型号、规格 3.安装方式	套		
031004017	冷热水混合器				
031004018	饮水器				安装

续上表

项目编码	项目名称	项目特征	计量单位	工程量计算规则	工程内容
031004019	隔油器	1.类型 2.型号、规格 3.安装部位	套	按设计图示数量计算	安装

二、清单工程量计算

计算实例1　浴缸

某卫生间安装一搪瓷浴缸,如图 1-7-12 所示,计算浴缸的工程量。

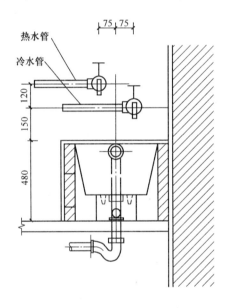

图 1-7-12　浴缸安装示意图(单位:mm)

《工程量计算过程及结果》

浴缸的工程量＝1(组)

计算实例2　净身盆

某宾馆一间客房安装一净身盆,如图 1-7-13 所示,该净身盒尺寸为 640 mm×360 mm×390 mm,计算净身盆的工程量。

《工程量计算过程及结果》

净身盆的工程量＝1(组)

图 1-7-13　净身盆

计算实例3　洗脸盆

某洗脸盆(478 mm×448 mm)平面示意图如图 1-7-14 所示,计算洗脸盆的工程量。

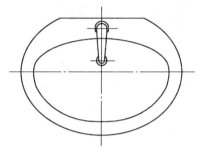

图 1-7-14　洗脸盆平面示意图

工程量计算过程及结果

洗脸盆的工程量＝1(组)

计算实例4　淋浴器

某淋浴器工作原理图如图 1-7-15 所示,计算淋浴器的工程量。

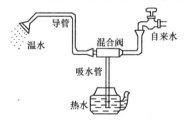

图 1-7-15　淋浴器工作原理图

工程量计算过程及结果

淋浴器的工程量＝1(套)

计算实例5　大便器

某饭店男卫生间大便器平面布置图如图 1-7-16 所示,该饭店共 3 层,计算大便器的工程量。

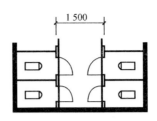

图 1-7-16　某饭店男卫生间大便器平面布置图

《工程量计算过程及结果》

大便器的工程量＝4×3＝12（组）

第五节　供暖器具

一、清单工程量计算规则（表 1-7-5）

表 1-7-5　供暖器具工程量计算规则

项目编码	项目名称	项目特征	计量单位	工程量计算规则	工程内容
031005001	铸铁散热器	1.型号、规格 2.安装方式 3.托架形式 4.器具、托架除锈、刷油设计要求	片（组）	按设计图示数量计算	1.组对、安装 2.水压试验 3.托架制作、安装 4.除锈、刷油
031005002	钢制散热器	1.结构形式 2.型号、规格 3.安装方式 4.托架刷油设计要求	组（片）		1.安装 2.托架安装 3.托架刷油
031005003	其他成品散热器	1.材质、类型 2.型号、规格 3.托架刷油设计要求			
031005004	光排管散热器	1.材质、类型 2.型号、规格 3.托架形式及做法 4.器具、托架除锈、刷油设计要求	m	按设计图示排管长度计算	1.制作、安装 2.水压试验 3.除锈、刷油
031005005	暖风机	1.质量 2.型号、规格 3.安装方式	台	按设计图示数量计算	安装

续上表

项目编码	项目名称	项目特征	计量单位	工程量计算规则	工程内容
031005006	地板辐射采暖	1.保温层材质、厚度 2.钢丝网设计要求 3.管道材质、规格 4.压力试验及吹扫设计要求	1. m² 2. m	1.以平方米计量,按设计图示采暖房间净面积计算 2.以米计量,按设计图示管道长度计算	1.保温层及钢丝网铺设 2.管道排布、绑扎、固定 3.与分集水器连接 4.水压试验、冲洗 5.配合地面浇筑
031005007	热媒集配装置	1.材质 2.规格 3.附件名称、规格、数量	台	按设计图示数量计算	1.制作 2.安装 3.附件安装
031005008	集气罐	1.材质 2.规格	个		1.制作 2.安装

二、清单工程量计算

计算实例1　光排管散热器制作安装

光排管散热器示意图如图 1-7-17 所示,散热器长度为 800 mm,计算光排管散热器的工程量。

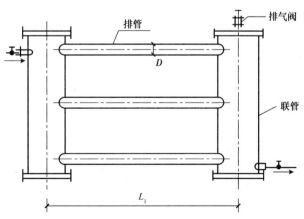

图 1-7-17　光排管散热器示意

《工程量计算过程及结果》

光排管散热器制作安装的工程量＝0.8(m)

第六节　燃气器具及其他

一、清单工程量计算规则（表 1-7-6）

表 1-7-6　燃气器具及其他工程量计算规则

项目编码	项目名称	项目特征	计量单位	工程量计算规则	工程内容
031007001	燃气开水炉	1.型号、容量 2.安装方式 3.附件型号、规格	台	按设计图示数量计算	1.安装 2.附件安装
031007002	燃气采暖炉				
031007003	燃气沸水器、消毒器	1.类型 2.型号、容量 3.安装方式 4.附件型号、规格			
031007004	燃气热水器				
031007005	燃气表	1.类型 2.型号、规格 3.连接方式 4.托架设计要求	块 （台）		1.安装 2.托架制作、安装
031007006	燃气灶具	1.用途 2.类型 3.型号、规格 4.安装方式 5.附件型号、规格	台		1.安装 2.附件安装
031007007	气嘴	1.单嘴、双嘴 2.材质 3.型号、规格 4.连接形式	个		
031007008	调压器	1.类型 2.型号、规格 3.安装方式	台		安装
031007009	燃气抽水管	1.材质 2.规格 3.连接形式	个		

项目编码	项目名称	项目特征	计量单位	工程量计算规则	工程内容
031007010	燃气管道调长器	1.规格 2.压力等级 3.连接形式	个	按设计图示数量计算	安装
031007011	调压箱、调压装置	1.类型 2.型号、规格 3.安装部位	台		
031007012	引入口砌筑	1.砌筑形式、材质 2.保温、保护材料设计要求	处		1.保温(保护)台砌筑 2.填充保温(保护)材料

二、清单工程量计算

计算实例 1　燃气采暖炉

燃气炉户式采暖系统图如图 1-7-18 所示,该采暖系统为双管制,散热器支管管径均为 20 mm,该系统装有电表、水表、燃气表各一个。计算燃气采暖炉的工程量。

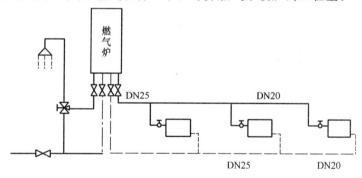

图 1-7-18　燃气炉户式采暖系统

§工程量计算过程及结果§

燃气采暖炉的工程量＝1(台)

计算实例 2　燃气灶具

某饭店共有燃气灶具 8 台,计算该饭店燃气灶具的工程量。

§工程量计算过程及结果§

燃气灶具的工程量＝8(台)

计算实例 3 气嘴

某一五层住宅楼厨房燃气管道需安装 2 个气嘴,计算该系统气嘴的工程量。

工程量计算过程及结果

气嘴的工程量＝2(个)

第八章 通 信 设 备

一、清单工程量计算规则(表 1-8-1)

表 1-8-1　通信设备工程量计算规则

项目编码	项目名称	项目特征	计量单位	工程量计算规则	工程内容
031101001	开关电源设备	1.种类 2.规格 3.型号 4.容量	架 (台)	按设计图示数量计算	1.本体安装 2.电源架安装 3.系统调测
031101002	整流器	1.规格 2.型号 3.容量	台	按设计图示数量计算	1.安装 2.测试
031101003	电子交流稳压器		台		
031101004	市话组合电源		套		
031101005	调压器		台		
031101006	变换器		架 (盘)		
031101007	不间断电源设备		套		
031101008	无人值守电源设备系统联测	测试内容	站		系统联测
031101009	控制段内无人站电源设备与主控联测		中继站系统		联测
031101010	单芯电源线	1.规格 2.型号	m	按设计图示尺寸以中心线长度计算	1.敷设 2.测试
031101011	列内电源线		列	按设计图示数量计算	

续上表

项目编码	项目名称	项目特征	计量单位	工程量计算规则	工程内容
031101012	电缆槽道、走线架、机架、框	1. 名称 2. 规格 3. 型号 4. 方式	1. m 2. 架、个	1. 以米计量，按设计图示尺寸以中心线长度计算 2. 以架、个计量，按设计图示数量计算	1. 制作 2. 安装
031101013	列柜	1. 名称 2. 规格 3. 型号	架	按设计图示数量计算	1. 制作 2. 安装
031101014	电源分配柜、箱	1. 规格 2. 型号 3. 方式	架	按设计图示数量计算	1. 制作 2. 安装
031101015	可控硅铃流发生器	1. 名称 2. 型号	台	按设计图示数量计算	1. 安装 2. 测试
031101016	房柱抗震加固	规格	处	按设计图示数量计算	加固件预制、安装
031101017	抗震机座	规格	个	按设计图示数量计算	制作、安装
031101018	保安配线箱	1. 类型 2. 型号、规格 3. 容量	台	按设计图示数量计算	安装
031101019	配线架	1. 类型 2. 型号、规格 3. 容量	架	按设计图示数量计算	1. 安装 2. 穿线板 3. 滑梯
031101020	保安排、试线排	1. 名称 2. 规格 3. 型号	块	按设计图示数量计算	1. 安装 2. 测试
031101021	测量台、业务台、辅助台	1. 名称 2. 规格 3. 型号	台	按设计图示数量计算	1. 安装 2. 测试
031101022	列架、机台、事故照明	1. 名称、类别 2. 规格 3. 型号	列（台）	按设计图示数量计算	1. 安装 2. 试通
031101023	机房信号设备	1. 名称、类别 2. 规格 3. 型号	盘	按设计图示数量计算	1. 安装 2. 试通
031101024	设备电缆、软光纤	1. 名称、类别 2. 规格 3. 型号 4. 安装方式	1. m 2. 条	1. 以米计量，按设计图示尺寸以中心线长度计算 2. 以条计量，按设计图示数量计算	1. 放绑 2. 编扎、焊(绕、卡)接 3. 试通

项目编码	项目名称	项目特征	计量单位	工程量计算规则	工程内容
031101025	配线架跳线	1.名称、类别 2.规格 3.型号	条	按设计图示数量计算	1.敷设 2.焊(绕、卡)接 3.试通
031101026	列内、列间信号线				1.布放 2.焊(绕、卡)接 3.试通
031101027	电话交换设备		架		1.机架、机盘、电路板安装 2.测试
031101028	维护终端、打印机、话务台告警设备		台		1.安装 2.调测
031101029	程控车载集装箱	1.名称 2.型号	箱		安装
031101030	用户集线器(SLC)设备	1.规格 2.型号 3.容量	线/架		1.安装 2.调测
031101031	市话用户线硬件测试	1.测试类别 2.测试内容	千线		测试
031101032	中继线PCM系统硬件测试		系统		
031101033	长途硬件测试		千路端		
031101034	市话用户线软件测试		千线		
031101035	中继线PCM系统软件测试		系统		
031101036	长途软件测试		千路端		

项目编码	项目名称	项目特征	计量单位	工程量计算规则	工程内容
031101037	用户交换机	1. 规格 2. 型号 3. 容量	线		1. 安装 2. 调测
031101038	数字分配架/箱 光分配架/箱	1. 类型 2. 型号、规格 3. 容量	架（箱）		安装
031101039	传输设备		套（端）		1. 机架（柜）安装 2. 本机安装 3. 测试
031101040	再生中继架	1. 名称 2. 规格 3. 型号 4. 机架（柜）规格	架		1. 安装 2. 调测
031101041	远供电源架		架（盘）		
031101042	网络管理系统设备		套（站）	按设计图示数量计算	
031101043	本地维护终端设备				
031101044	子网管理系统试运行	1. 测试类别 2. 测试内容			试运行
031101045	本地维护终端试运行				
031101046	监控中心及子中心设备	1. 名称 2. 规格 3. 型号	套		1. 安装 2. 调测
031101047	光端机主/备用自动转换设备				
031101048	数字公务设备				
031101049	数字公务系统运行试验	1. 运行类别 2. 测试内容	系统（站）		运行试验
031101050	监控系统运行试验（PDH）		站		

项目编码	项目名称	项目特征	计量单位	工程量计算规则	工程内容
031101051	中继段、数字段光端调测	1. 测试类别 2. 测试内容	系统/段	按设计图示数量计算	光端调测
031101052	复用设备系统调测		系统/端		系统调测
031101053	光电调测中间站配合		站		中间站配合
031101054	复用器	1. 名称 2. 规格 3. 型号	套/端		1. 安装 2. 测试
031101055	光电转换器	1. 规格 2. 型号	个		
031101056	光线路放大器		系统		
031101057	数字段中继站(光放站)光端对测	1. 测试类别 2. 测试内容	系统/站		光端对测
031101058	数字段端站(再生站)光端对测				
031101059	调测波分复用网管系统				调测
031101060	数字交叉连接设备(DXC)	1. 名称 2. 规格 3. 型号			1. 安装 2. 测试
031101061	基本子架(包括交叉控制等)		子架		
031101062	接口子架、接口盘		子架(盘)		
031101063	连通测试	1. 测试类别 2. 测试内容	端口		连通测试

项目编码	项目名称	项目特征	计量单位	工程量计算规则	工程内容
031101064	数字数据网设备	1.名称 2.规格 3.型号	架	按设计图示数量计算	安装
031101065	调测数字数据网设备	1.测试类别 2.测试内容	节点机		调测
031101066	系统打印机	1.规格 2.型号	套		
031101067	数字(网络)终端单元(DTU 或 NTU)	1.名称 2.规格 3.型号	架		1.安装 2.调测
031101068	数字交叉连接设备(DACS)				
031101069	网管小型机、网管工作站		套		
031101070	分组交换设备				
031101071	调制解调器				
031101072	铁塔	1.安装位置 2.名称 3.规格 4.塔高	t	按设计图示尺寸以质量计算	架设
031101073	微波抛物面天线	1.规格 2.型号 3.地点 4.塔高	副	按设计图示数量计算	1.安装 2.调测
031101074	馈线	1.规格 2.型号 3.地点 4.长度	条		

续上表

项目编码	项目名称	项目特征	计量单位	工程量计算规则	工程内容
031101075	分路系统	1. 规格 2. 型号	套	按设计图示数量计算	安装
031101076	微波设备	1. 名称 2. 规格 3. 型号	架	按设计图示数量计算	1. 安装 2. 测试
031101077	监控设备	1. 名称 2. 规格 3. 型号	套(部)	按设计图示数量计算	1. 安装 2. 测试
031101078	辅助设备	1. 名称 2. 规格 3. 型号	盘(部)	按设计图示数量计算	1. 安装 2. 测试
031101079	数字段内中继段调测	1. 测试部位 2. 测试类别 3. 测试内容	系统/段	按设计图示数量计算	调测
031101080	数字段主通道(辅助通道)调测	1. 测试部位 2. 测试类别 3. 测试内容	系统/段	按设计图示数量计算	调测
031101081	数字段内波道倒换	1. 测试类别 2. 测试内容	段	按设计图示数量计算	测试
031101082	两个上下话路站监控调测	1. 测试类别 2. 测试内容	系统/站	按设计图示数量计算	调测
031101083	配合终端测试	1. 测试类别 2. 测试内容	系统/站	按设计图示数量计算	调测
031101084	全电路主通道(辅助通道)调测	1. 测试部位 2. 测试类别 3. 测试内容	系统/全电路	按设计图示数量计算	调测
031101085	全电路主通道(辅助通道)上下话路站调测	1. 测试部位 2. 测试类别 3. 测试内容	站/全电路	按设计图示数量计算	调测
031101086	全电路主控站集中监控性能调测	1. 测试类别 2. 测试内容	系统/站	按设计图示数量计算	调测
031101087	全电路次主站集中监控性能调测	1. 测试类别 2. 测试内容	站	按设计图示数量计算	调测
031101088	稳定性能测试	1. 测试类别 2. 测试内容	站	按设计图示数量计算	调测

项目编码	项目名称	项目特征	计量单位	工程量计算规则	工程内容
031101089	一点多址数字微波通信设备	1.规格 2.型号	站	按设计图示数量计算	1.安装 2.调测
031101090	测试一点对多点信道机	1.名称 2.规格 3.型号	套		单机测试
031101091	系统联测	1.测试类别 2.测试内容	站		联测
031101092	天馈线系统	1.规格 2.型号	站		1.安装调试天线底座 2.安装调试天线主、副反射面 3.安装驱动及附属设备 4.调测天馈线系统
031101093	高功放分系统设备	1.规格 2.型号 3.功率			
031101094	站地面公用设备分系统	1.规格 2.型号 3.方向数	方向/站		
031101095	电话分系统设备	1.名称 2.规格 3.型号 4.路数	路/站		
031101096	电话分系统工程勤务ESC	1.规格 2.型号	站		1.安装 2.调测
031101097	电视分系统（TV/FM）		系统/站		
031101098	低噪声放大器	1.规格 2.型号 3.倒换比例	站		
031101099	监测控制分系统监控桌	1.规格 2.型号 3.每桌盘数			

续上表

项目编码	项目名称	项目特征	计量单位	工程量计算规则	工程内容
031101100	监测控制分系统微机控制	1.规格 2.型号	站	按设计图示数量计算	1.安装 2.调测
031101101	地球站设备站内环测	1.测试类别 2.测试内容			站内环测
031101102	地球站设备系统调测				系统调测
031101103	小口径卫星地球站（VSAT）中心站高功放（HPA）设备	1.规格 2.型号	系统/站		1.安装 2.调测
031101104	小口径卫星地球站（VSAT）中心站低噪声放大器（LPA）设备				
031101105	中心站（VSAT）公用设备（含监控设备）		套		
031101106	中心站（VSAT）公务设备				
031101107	控制中心站（VSAT）站内环测及全网系统对测	1.测试类别 2.测试内容	站		1.站内环测 2.全网系统对测
031101108	小口径卫星地球站（VSAT）端站设备	1.规格 2.型号			1.安装 2.调测

二、清单工程量计算

计算实例 电话交换设备

某公司通信工程设计时,计划安装 24 架电话交换设备,以便更好地完善客服工作,计算电话交换设备的工程量。

电话交换设备的工程量＝24(架)

第二部分　工程计价

第一章　建设工程造价构成

第一节　设备及工器具购置费用的构成和计算

一、设备购置费

设备购置费是指购置或自制的达到固定资产标准的设备、工器具及生产家具等所需的费用。它由设备原价和设备运杂费构成。

$$设备购置费＝设备原价＋设备运杂费 \qquad (2-1-1)$$

其中,设备原价指国产设备或进口设备的原价;设备运杂费指除设备原价之外的关于设备采购、运输、途中包装及仓库保管等方面支出费用的总和。

（一）国产设备原价

国产设备原价一般指的是设备制造厂的交货价,或订货合同价。它一般根据生产厂或供应商的询价、报价、合同价确定,或采用一定的方法计算确定。国产设备原价分为国产标准设备原价和国产非标准设备原价。

1.国产标准设备原价

国产标准设备是指按照主管部门颁布的标准图纸和技术要求,由我国设备生产厂批量生产的,符合国家质量检测标准的设备。国产标准设备原价有两种,即带有备件的原价和不带有备件的原价。在计算时,一般采用带有备件的原价。国产标准设备一般有完善的设备交易市场,因此可通过查询相关交易市场价格或向设备生产厂家询价得到国产标准设备原价。

2.国产非标准设备原价

国产非标准设备是指国家尚无定型标准,各设备生产厂不可能在工艺过程中采用批量生产,只能按订货要求并根据具体的设计图纸制造的设备。非标准设备由于单件生产、无定型标准,所以无法获取市场交易价格,只能按其成本构成或相关技术参数估算其价格。非标准设备原价有多种不同的计算方法,如成本计算估价法、系列设备插入估价法、分部组合估价法、定额估价法等。但无论采用哪种方法都应该使非标准设备计价接近实际出厂价,并且计算方法要简便。其中成本计算估价法是一种比较常用的估算非标准设备原价的方法。按成本计算估价法,非标准设备的原价由以下各项组成,具体见表 2-1-1。

表 2-1-1 非标准设备原价的组成

序号	项目	内　容
1	材料费	其计算公式如下： 材料费＝材料净重×（1＋加工损耗系数）×每吨材料综合价
2	加工费	包括生产工人工资和工资附加费、燃料动力费、设备折旧费、车间经费等。其计算公式如下： 加工费＝设备总重量（吨）×设备每吨加工费
3	辅助材料费 （简称辅材费）	包括焊条、焊丝、氧气、氩气、氮气、油漆、电石等费用。其计算公式如下： 辅助材料费＝设备总重量×辅助材料费指标
4	专用工具费	按 1～3 项之和乘以一定百分比计算
5	废品损失费	按 1～4 项之和乘以一定百分比计算
6	外购配套件费	按设备设计图纸所列的外购配套件的名称、型号、规格、数量、重量，根据相应的价格加运杂费计算
7	包装费	按 1～6 项之和乘以一定百分比计算
8	利润	可按 1～5 项加第 7 项之和乘以一定利润率计算
9	税金	主要指增值税（虽然根据 2008 年 11 月 5 日国务院第 34 次常务会议修订通过的《中华人民共和国增值税暂行条例》，删除了有关不得抵扣购进固定资产的进项税额的规定，允许纳税人抵扣购进固定资产的进项税额，但由于增值税仍然是项目投资过程中所必须支付的费用之一，因此在估算设备原价时，依然包括增值税项）。计算公式如下： 增值税＝当期销项税额－进项税额 当期销项税额＝销售额×适用增值税率
10	非标准设备设计费	按国家规定的设计费收费标准计算

根据表 2-1-1 可知单台非标准设备原价可用下面的公式表达：

单台非标准设备原价＝{[（材料费＋加工费＋辅助材料费）×（1＋专用工具费率）×（1＋废品损失费率）＋外购配套件费]×（1＋包装费率）－外购配套件费}×（1＋利润率）＋销项税额＋非标准设备设计费＋外购配套件费

(2-1-2)

（二）进口设备原价

进口设备的原价是指进口设备的抵岸价，即设备抵达买方边境、港口或车站，交纳完各种手续费、税费后形成的价格。抵岸价通常是由进口设备到岸价（CIF）和进口从属费构成。进口设备的到岸价，即抵达买方边境港口或边境车站的价格。在国际贸易中，交易双方所使用的交货类别不同，则交易价格的构成内容也有所差异。进口从属费用包括银行财务费、外贸手续费、进口关税、消费税、进口环节增值税等，进口车辆的还需缴纳车辆购置税。

1.进口设备的交易价格

在国际贸易中，较为广泛使用的交易价格术语有 FOB、CFR 和 CIF。

（1）FOB，意为装运港船上交货，亦称为离岸价格。FOB术语是指当货物在指定的装运港越过船舷，卖方即完成交货义务。风险转移，以在指定的装运港货物越过船舷时为分界点。费用划分与风险转移的分界点相一致。

在FOB交货方式下，卖方的基本义务有：

1）办理出口清关手续，自负风险和费用，领取出口许可证及其他官方文件。

2）在约定的日期或期限内，在合同规定的装运港，按港口惯常的方式，把货物装上买方指定的船只，并及时通知买方。

3）承担货物在装运港越过船舷之前的一切费用和风险。

4）向买方提供商业发票和证明货物已交至船上的装运单据或具有同等效力的电子单证。

在FOB交货方式下，买方的基本义务有：

1）负责租船订舱，按时派船到合同约定的装运港接运货物，支付运费，并将船期、船名及装船地点及时通知卖方。

2）负担货物在装运港越过船舷后的各种费用以及货物灭失或损坏的一切风险。

3）负责获取进口许可证或其他官方文件，以及办理货物入境手续。

4）受领卖方提供的各种单证，按合同规定支付货款。

（2）CFR，意为成本加运费，或称之为运费在内价。CFR是指在装运港货物越过船舷卖方即完成交货，卖方必须支付将货物运至指定的目的港所需的运费和费用，但交货后货物灭失或损坏的风险，以及由于各种事件造成的任何额外费用，则由卖方转移到买方。与FOB价格相比，CFR的费用划分与风险转移的分界点是不一致的。

在CFR交货方式下，卖方的基本义务有：

1）提供合同规定的货物，负责订立运输合同，并租船订舱，在合同规定的装运港和规定的期限内，将货物装上船并及时通知买方，支付运至目的港的运费。

2）负责办理出口清关手续，提供出口许可证或其他官方批准的文件。

3）承担货物在装运港越过船舷之前的一切费用和风险。

4）按合同规定提供正式有效的运输单据、发票或具有同等效力的电子单证。

在CFR交货方式下，买方的基本义务有：

1）承担货物在装运港越过船舷以后的一切风险及运输途中因遭遇风险所引起的额外费用。

2）在合同规定的目的港受领货物，办理进口清关手续，交纳进口税。

3）受领卖方提供的各种约定的单证，并按合同规定支付货款。

（3）CIF，意为成本加保险费、运费，习惯称到岸价格。在CIF术语中，卖方除负有与CFR相同的义务外，还应办理货物在运输途中最低险别的海运保险，并应支付保险费。如买方需要更高的保险险别，则需要与卖方明确地达成协议，或者自行作出额外的保险安排。除保险这项义务之外，买方的义务与CFR相同。

2.进口设备到岸价

进口设备到岸价的计算公式如下：

进口设备到岸价（CIF）＝离岸价格（FOB）＋国际运费＋运输保险费

$$＝运费在内价（CFR）＋运输保险费 \qquad (2\text{-}1\text{-}3)$$

（1）货价。一般指装运港船上交货价（FOB）。设备货价分为原币货价和人民币货价，原币货价一律折算为美元表示，人民币货价按原币货价乘以外汇市场美元兑换人民币汇率中间价确定。进口设备货价按有关生产厂商询价、报价、订货合同价计算。

(2)国际运费。即从装运港(站)到达我国目的港(站)的运费。我国进口设备大部分采用海洋运输,小部分采用铁路运输,个别采用航空运输。进口设备国际运费计算公式为:

$$国际运费(海、陆、空)=原币货价(FOB)×运费率 \qquad (2\text{-}1\text{-}4)$$

$$国际运费(海、陆、空)=单位运价×运量 \qquad (2\text{-}1\text{-}5)$$

其中,运费率或单位运价参照有关部门或进出口公司的规定执行。

(3)运输保险费。对外贸易货物运输保险是由保险人(保险公司)与被保险人(出口人或进口人)订立保险契约,在被保险人交付议定的保险费后,保险人根据保险契约的规定对货物在运输过程中发生的承保责任范围内的损失给予经济上的补偿。这是一种财产保险。计算公式为:

$$运输保险费=\frac{原币货价(FOB)+国外运费}{1-保险费率}×保险费率 \qquad (2\text{-}1\text{-}6)$$

其中,保险费率按保险公司规定的进口货物保险费率计算。

3.进口从属费

进口从属费的计算公式如下:

进口从属费=银行财务费+外贸手续费+关税+消费税+进口环节增值税+车辆购置税

$$(2\text{-}1\text{-}7)$$

(1)银行财务费。一般是指在国际贸易结算中,中国银行为进出口商提供金融结算服务所收取的费用,可按下式简化计算:

$$银行财务费=离岸价格(FOB)×人民币外汇汇率×银行财务费率 \qquad (2\text{-}1\text{-}8)$$

(2)外贸手续费。指按规定的外贸手续费率计取的费用,外贸手续费率一般取 1.5%。计算公式为:

$$外贸手续费=到岸价格(CIF)×人民币外汇汇率×外贸手续费率 \qquad (2\text{-}1\text{-}9)$$

(3)关税。由海关对进出国境或关境的货物和物品征收的一种税。计算公式为:

$$关税=到岸价格(CIF)×人民币外汇汇率×进口关税税率 \qquad (2\text{-}1\text{-}10)$$

到岸价格作为关税的计征基数时,通常又可称为关税完税价格。进口关税税率分为优惠和普通两种。优惠税率适用于与我国签订关税互惠条款的贸易条约或协定的国家的进口设备;普通税率适用于与我国未签订关税互惠条款的贸易条约或协定的国家的进口设备。进口关税税率按我国海关总署发布的进口关税税率计算。

(4)消费税。仅对部分进口设备(如轿车、摩托车等)征收,一般计算公式为:

$$应纳消费税税额=\frac{到岸价格(CIF)×人民币外汇汇率+关税}{1-消费税税率(\%)}×消费税税率 \qquad (2\text{-}1\text{-}11)$$

其中,消费税税率根据规定的税率计算。

(5)进口环节增值税。是对从事进口贸易的单位和个人,在进口商品报关进口后征收的税种。我国增值税条例规定,进口应税产品均按组成计税价格和增值税税率直接计算应纳税额。即:

$$进口环节增值税额=组成计税价格×增值税税率 \qquad (2\text{-}1\text{-}12)$$

$$组成计税价格=关税完税价格+关税+消费税 \qquad (2\text{-}1\text{-}13)$$

增值税税率根据规定的税率计算。

(6)车辆购置税。进口车辆需缴纳进口车辆购置税,其公式如下:

$$进口车辆购置税＝(关税完税价格＋关税＋消费税)×车辆购置税率 \quad (2-1-14)$$

（三）设备运杂费

设备运杂费的内容见表 2-1-2。

表 2-1-2　设备运杂费

项　目		内　容
概念		设备运杂费是指国内采购设备自来源地、国外采购设备自到岸港运至工地仓库或指定堆放地点发生的采购、运输、运输保险、保管、装卸等费用
构成	运费和装卸费	国产设备由设备制造厂交货地点起至工地仓库（或施工组织设计指定的需要安装设备的堆放地点）止所发生的运费和装卸费；进口设备则由我国到岸港口或边境车站起至工地仓库（或施工组织设计指定的需安装设备的堆放地点）止所发生的运费和装卸费
	包装费	在设备原价中没有包含的，为运输而进行的包装支出的各种费用
	设备供销部门的手续费	按有关部门规定的统一费率计算
	采购与仓库保管费	指采购、验收、保管和收发设备所发生的各种费用，包括设备采购人员、保管人员和管理人员的工资、工资附加费、办公费、差旅交通费，设备供应部门办公和仓库所占固定资产使用费、工具用具使用费、劳动保护费、检验试验费等。这些费用可按主管部门规定的采购与保管费费率计算
计算		设备运杂费按下式计算： 　　设备运杂费＝设备原价×设备运杂费率 其中，设备运杂费率按各部门及省、市有关规定计取

二、工器具及生产家具购置费的构成和计算

工器具及生产家具购置费，是指新建或扩建项目初步设计规定的，保证初期正常生产必须购置的没有达到固定资产标准的设备、仪器、工卡模具、器具、生产家具和备品备件等的购置费用。

一般以设备购置费为计算基数，按照部门或行业规定的工具、器具及生产家具费率计算。计算公式为：

$$工器具及生产家具购置费＝设备购置费×定额费率 \quad (2-1-15)$$

第二节　建筑安装工程费用构成和计算

一、建筑安装工程费用的构成

建筑安装工程费用是指为完成工程项目建造、生产性设备及配套工程安装所需的费用。

1.建筑工程费用内容

(1)各类房屋建筑工程和列入房屋建筑工程预算的供水、供暖、卫生、通风、煤气等设备费用及其装设、油饰工程的费用，列入建筑工程预算的各种管道、电力、电信和电缆导线敷设工程

的费用。

(2)设备基础、支柱、工作台、烟囱、水塔、水池、灰塔等建筑工程以及各种炉窑的砌筑工程和金属结构工程的费用。

(3)为施工而进行的场地平整,工程和水文地质勘察,原有建筑物和障碍物的拆除以及施工临时用水、电、气、路和完工后的场地清理,环境绿化、美化等工作的费用。

(4)矿井开凿、井巷延伸、露天矿剥离,石油、天然气钻井,修建铁路、公路、桥梁、水库、堤坝、灌渠及防洪等工程的费用。

2.安装工程费用内容

(1)生产、动力、起重、运输、传动和医疗、实验等各种需要安装的机械设备的装配费用,与设备相连的工作台、梯子、栏杆等设施的工程费用,附属于被安装设备的管线敷设工程费用,以及被安装设备的绝缘、防腐、保温、油漆等工作的材料费和安装费。

(2)为测定安装工程质量,对单台设备进行单机试运转、对系统设备进行系统联动无负荷试运转工作的调试费。

二、我国现行建筑安装工程费用项目组成及计算

我国现行建筑安装工程费用项目主要由四部分组成:直接费、间接费、利润和税金。其具体构成如图 2-1-1 所示。

图 2-1-1　定额计价模式下建筑安装工程费用的组成

根据《建设工程工程量清单计价规范》(GB 50500—2013)的规定,建设工程发承包及其实施阶段的工程造价(其中主要内容是建筑安装工程费)由分部分项工程费、措施项目费、其他项目费、规费和税金组成。

(一)直接费

1.直接工程费

直接工程费是指施工过程中耗费的直接构成工程实体的各项费用,包括人工费、材料费、施工机械使用费。

(1)人工费。建筑安装工程费中的人工费,是指支付给直接从事建筑安装工程施工作业的生产工人的各项费用。构成人工费的基本要素有两个,即人工工日消耗量和人工日工资单价。

人工费的基本计算公式为:

$$人工费 = \sum(工日消耗量 \times 日工资单价) \tag{2-1-16}$$

1)人工工日消耗量是指在正常施工生产条件下,建筑安装产品(分部分项工程或结构构件)必须消耗的某种技术等级的人工工日数量。它由分项工程所综合的各个工序施工劳动定额包括的基本用工、其他用工两部分组成。

2)相应等级的日工资单价包括生产工人基本工资、工资性补贴、生产工人辅助工资、职工福利费及生产工人劳动保护费。

(2)材料费。建筑安装工程费中的材料费,是指工程施工过程中耗费的各种原材料、半成品、构配件、工程设备等的费用以及周转材料等的摊销、租赁费用。构成材料费的基本要素是材料消耗量、材料单价和检验试验费。

材料费的基本计算公式为:

$$材料费 = \sum(材料消耗量 \times 材料单价) + 检验试验费 \qquad (2\text{-}1\text{-}17)$$

1)材料消耗量。材料消耗量是指在合理使用材料的条件下,建筑安装产品(分部分项工程或结构构件)必须消耗的一定品种规格的原材料、辅助材料、构配件、零件、半成品等的数量标准。它包括材料净用量和材料不可避免的损耗量。

2)材料单价。材料单价是指建筑材料从其来源地运到施工工地仓库直至出库形成的综合平均单价,其内容包括材料原价(或供应价格)、材料运杂费、运输损耗费、采购及保管费等。

3)检验试验费。检验试验费是指对建筑材料、构件和建筑安装物进行一般鉴定、检查所发生的费用,包括自设试验室进行试验所耗用的材料和化学药品等费用。不包括新结构、新材料的试验费和建设单位对具有出厂合格证明的材料进行检验,对构件做破坏性试验及其他特殊要求检验试验的费用。

(3)施工机械使用费。建筑安装工程费中的施工机械使用费,是指施工机械作业发生的使用费或租赁费。构成施工机械使用费的基本要素是施工机械台班消耗量和机械台班单价。

施工机械使用费的基本计算公式为:

$$施工机械使用费 = \sum(施工机械台班消耗量 \times 机械台班单价) \qquad (2\text{-}1\text{-}18)$$

1)施工机械台班消耗量,是指在正常施工条件下,建筑安装产品(分部分项工程或结构构件)必须消耗的某类某种型号施工机械的台班数量。

2)机械台班单价。其内容包括台班折旧费、台班大修理费、台班经常修理费、台班安拆费及场外运输费、台班人工费、台班燃料动力费、台班养路费及车船使用税。

2.措施费

措施费是指实际施工中必须发生的施工准备和施工过程中技术、生活、安全、环境保护等方面的非工程实体项目(所谓非实体性项目,是指其费用的发生和金额的大小与使用时间、施工方法或者两个以上工序相关,并且不形成最终的实体工程,如大型机械设备进出场及安拆、文明施工和安全防护、临时设施等)的费用。措施费项目的构成需考虑多种因素,除工程本身的因素外,还涉及水文、气象、环境、安全等因素。在《通用安装工程工程量计算规范》(GB 50856—2013)中,措施项目费可以归纳为以下几项:

(1)安全文明施工费。安全文明施工措施费用,是指工程施工期间按照国家现行的环境保护、建筑施工安全、施工现场环境与卫生标准和有关规定,购置和更新施工安全防护用具及设施、改善安全生产条件和作业环境所需要的费用。

1)环境保护费。其内容包括:现场施工机械设备降低噪声、防扰民措施费用;水泥和其他易飞扬细颗粒建筑材料密闭存放或采取覆盖措施等费用;工程防扬尘洒水费用;土石方、建渣外运车辆冲洗、防洒漏等费用;现场污染源的控制、生活垃圾清理外运、场地排水排污措施的费用;其他环境保护措施费用。

环境保护费的计算方法:

$$环境保护费 = 直接工程费 \times 环境保护费费率(\%) \qquad (2\text{-}1\text{-}19)$$

$$环境保护费费率(\%)=\frac{本项费有年度平均支出}{全年建安产值×直接工程费占总造价比例(\%)} \quad (2\text{-}1\text{-}20)$$

2)文明施工费。其内容包括:"五牌一图"的费用;现场围挡的墙面美化(包括内外粉刷、刷白、标语等)、压顶装饰费用;现场厕所便槽刷白、贴面砖,水泥砂浆地面或地砖费用,建筑物内临时便溺设施费用;其他施工现场临时设施的装饰装修、美化措施费用;现场生活卫生设施费用;符合卫生要求的饮水设备、淋浴、消毒等设施费用;生活用洁净燃料费用;防煤气中毒、防蚊虫叮咬等措施费用;施工现场操作场地的硬化费用;现场绿化费用、治安综合治理费用;现场配备医药保健器材、物品费用和急救人员培训费用;用于现场工人的防暑降温费,电风扇、空调等设备及用电费用;其他文明施工措施费用。

文明施工费的计算方法:

$$文明施工费=直接工程费×文明施工费费率(\%) \quad (2\text{-}1\text{-}21)$$

$$文明施工费费率(\%)=\frac{本项费用年度平均支出}{全年建安产值×直接工程费占总造价比例(\%)} \quad (2\text{-}1\text{-}22)$$

3)安全施工费。其内容包括:安全资料、特殊作业专项方案的编制,安全施工标志的购置及安全宣传的费用;安全防护工具(安全帽、安全带、安全网)、"四口"(楼梯口、电梯井口、通道口、预留洞口)、"五临边"(阳台围边、楼板围边、屋面围边、槽坑围边、卸料平台两侧)、水平防护架、垂直防护架、外架封闭等防护的费用;施工安全用电的费用,包括配电箱三级配电、两级保护装置要求、外电保护措施的费用;起重机等起重设备(含井架、门架)及外用电梯的安全防护措施(含警示标志)费用及卸料平台的临边防护、层间安全门、防护棚等设施费用;建筑工地中机械的检验检测费用;施工机具防护棚及其围栏的安全保护设施费用;施工安全防护通道的费用;工人的安全防护用品、用具购置费用;消防设施与消防器材的配置费用;电气保护、安全照明设施费;其他安全防护措施费用。

安全施工费的计算方法:

$$安全施工费=直接工程费×安全施工费费率(\%) \quad (2\text{-}1\text{-}23)$$

$$安全施工费费率(\%)=\frac{本项费用年度平均支出}{全年建安产值×直接工程费占总造价比例(\%)} \quad (2\text{-}1\text{-}24)$$

4)临时设施费。其内容包括:施工现场采用彩色、定型钢板,砖、混凝土砌块等围挡的安砌、维修、拆除费或摊销费;施工现场临时建筑物、构筑物的搭设、维修、拆除或摊销的费用,如临时宿舍、办公室、食堂、厨房、厕所、诊疗所、临时文化福利用房、临时仓库、加工场、搅拌台、临时简易水塔、水池等;施工现场临时设施的搭设、维修、拆除或摊销的费用,如临时供水管道、临时供电管线、小型临时设施等;施工现场规定范围内临时简易道路铺设,临时排水沟、排水设施安砌、维修、拆除;其他临时设施搭设、维修、拆除或摊销的费用。

临时设施费的构成包括周转使用临建费、一次性使用临建费和其他临时设施费。其计算公式为:

$$临时设施费=(周转使用临建费+一次性使用临建)×[1+其他临时设施所占比例(\%)]$$
$$(2\text{-}1\text{-}25)$$

①周转使用临建费的计算:

$$周转使用临建费=\sum\left[\frac{临建面积×每平米造价}{使用年限×365×利润率(\%)}×工期(天)\right]+一次性拆除费$$
$$(2\text{-}1\text{-}26)$$

②次性使用临建费的计算:

一次性使用临建费＝∑{临建面积×每平方米造价×[1－残值率(%)]}＋一次性拆除费

$$(2\text{-}1\text{-}27)$$

③他临时设施在临时设施费中所占比例,可由各地区造价管理部门依据典型施工企业的成本资料经分析后综合测定。

建筑工程安全防护、文明施工措施费用是由《建筑安装工程费用项目组成》中措施费所含的环境保护费、文明施工费、安全施工费、临时设施费组成,必须按国家或省级、行业建设主管部门的规定计算,不得作为竞争性费用。

(2)夜间施工增加费。

1)夜间施工增加费的内容。夜间施工增加费的内容由以下各项组成:

①夜间固定照明灯具和临时可移动照明灯具的设置、拆除的费用。

②夜间施工时施工现场交通标志、安全标牌、警示灯的设置、移动、拆除的费用。

③夜间照明设备摊销及照明用电、施工人员夜班补助、夜间施工劳动效率降低等费用。

2)夜间施工增加费的计算方法:

$$夜间施工增加费＝\left(1-\frac{合同工期}{定额工期}\right)×\frac{直接工程费中的人工费合计}{平均日工资单价}×每日夜间施工费开支$$

$$(2\text{-}1\text{-}28)$$

(3)非夜间施工照明费。非夜间施工照明费是指为保证工程施工正常进行,在如地下室等特殊施工部位施工时所采用的照明设备的安拆、维护、摊销及照明用电等费用。

(4)二次搬运费。

1)二次搬运费的内容。二次搬运费是指由于施工场地条件限制而发生的材料、成品、半成品等一次运输不能达到堆放地点,必须进行二次或多次搬运的费用。

2)二次搬运费的计算方法:

$$二次搬运费＝直接工程费×二次搬运费费率(\%) \qquad (2\text{-}1\text{-}29)$$

$$二次搬运费费率(\%)＝\frac{年平均二次搬运费开支额}{全年建安产值×直接工程费占总造价的比例(\%)} \quad (2\text{-}1\text{-}30)$$

(5)冬雨季施工增加费。

1)冬雨季施工增加费的内容。

①冬雨季施工时增加的临时设施(防寒保温、防雨、防风设施)的搭设、拆除的费用。

②冬雨季施工时,对砌体、混凝土等采用的特殊加温、保温和养护措施的费用。

③冬雨季施工时,施工现场的防滑处理、对影响施工的雨雪的清除费用。

④冬雨季施工时增加的临时设施的摊销、施工人员的劳动保护用品、冬雨(风)季施工劳动效率降低等费用。

2)冬雨季施工增加费的计算方法:

$$冬雨季施工增加费＝直接工程费×冬雨季施工增加费费率(\%) \qquad (2\text{-}1\text{-}31)$$

$$冬雨季施工增加费费率(\%)＝\frac{年平均冬雨季施工增加费开支额}{全年建安产值×直接工程费占总造价的比例(\%)}$$

$$(2\text{-}1\text{-}32)$$

(6)大型机械设备进出场及安拆费。

1)大型机械设备进出场及安拆费的内容。

①进出场费包括施工机械、设备整体或分体自停放地点运至施工现场或由一施工地点运至另一施工地点所发生的运输、装卸、辅助材料等费用。

②安拆费包括施工机械、设备在现场进行安装拆卸所需人工、材料、机械和试运转费用以及机械辅助设施的折旧、搭设、拆除等费用。

2）大型机械设备进出场及安拆费的计算方法。大型机械设备进出场及安拆费通常按照机械设备的使用数量以台次为单位计算。

（7）施工排水、降水费。

1）施工排水、降水费的内容。该项费用由成井和排水、降水两个独立的费用项目组成。

①成井。成井的费用主要包括：准备钻孔机械、埋设互通、钻机就位，泥浆制作、固壁，成孔、出渣、清孔等费用；对接上、下井管（滤管），焊接，安防，下滤料，洗井，连接试抽等费用。

②排水、降水。排水、降水的费用主要包括：管道安装、拆除，场内搬运等费用；抽水、值班、降水设备维修费用等。

2）施工排水、降水费的计算方法。

①成井费用通常按照设计图示尺寸以钻孔深度计算。

②排水、降水费用通常按照排、降水日历天数计算。

（8）地上、地下设施、建筑物的临时保护设施费。地上、地下设施、建筑物的临时保护设施费是指在工程施工过程中，对已建成的地上、地下设施和建筑物进行的遮盖、封闭、隔离等必要保护措施所发生的费用。

该项费用一般都以直接工程费为取费依据，根据工程所在地工程造价管理机构测定的相应费率计算支出。

（9）已完工程及设备保护费。已完工程及设备保护费是指竣工验收前对已完工程及设备采取的覆盖、包裹、封闭、隔离等必要保护措施所发生的费用。已完工程及设备保护费可按下式计算：

$$已完工程及设备保护费＝成品保护所需机械费＋材料费＋人工费 \tag{2-1-33}$$

（10）混凝土、钢筋混凝土模板及支架费。混凝土、钢筋混凝土模板及支架费是指混凝土施工过程中需要的各种模板制作、模板安装、拆除、整理堆放及场内外运输、清理模板粘结物及模内杂物、刷隔离剂等费用。

混凝土、钢筋混凝土模板及支架费的计算方法如下，模板及支架分自有和租赁两种。

1）自有模板及支架费的计算。

$$模板及支架费＝模板摊销量×模板价格＋支、拆、运输费 \tag{2-1-34}$$

$$摊销量＝一次使用量×(1＋施工损耗)×\left[\frac{1＋(周转次数－1)×补损率}{周转次数}－\frac{(1－补损率)×50\%}{周转次数}\right]$$

$$\tag{2-1-35}$$

2）租赁模板及支架费的计算。

$$租赁费＝模板使用量×使用日期×租赁价格＋支、拆、运输费 \tag{2-1-36}$$

（11）脚手架费。脚手架费是指施工需要的各种脚手架施工时可能发生的场内、场外材料搬运，搭、拆脚手架、斜道、上料平台，安全网的铺设，拆除脚手架后材料的堆放等费用。脚手架同样分自有和租赁两种。

1）自有脚手架费的计算：

$$脚手架搭拆费＝脚手架摊销量×脚手架价格＋搭、拆、运输费 \tag{2-1-37}$$

$$脚手架摊销量＝\frac{单位一次使用量×(1－残值率)}{耐用期÷一次使用期} \tag{2-1-38}$$

2)租赁脚手架费的计算：

$$租赁费＝脚手架每日租金×搭设周期＋搭、拆、运输费 \quad (2\text{-}1\text{-}39)$$

(12)垂直运输费。

1)垂直运输费的内容。

①垂直运输机械的固定装置、基础制作、安装费。

②行走式垂直运输机械轨道的铺设、拆除、摊销费。

2)垂直运输费的计算。

①垂直运输费可按照建筑面积以"m^2"为单位计算。

②垂直运输费可按照施工工期日历天数以"天"为单位计算。

(13)超高施工增加费。

1)超高施工增加费的内容。当单层建筑物檐口高度超过 20 m，多层建筑物超过 6 层时，可计算超高施工增加费，超高施工增加费的内容由以下各项组成：

①建筑物超高引起的人工工效降低以及由于人工工效降低引起的机械降效费。

②高层施工用水加压水泵的安装、拆除及工作台班费。

③通信联络设备的使用及摊销费。

2)超高施工增加费的计算。超高施工增加费通常按照建筑物超高部分的建筑面积以"m^2"为单位计算。

(二)间接费

建筑安装工程间接费是指虽不直接由施工的工艺过程所引起，但却与工程的总体条件有关的建筑安装企业为组织施工和进行经营管理，以及间接为建筑安装生产服务的各项费用。

1.间接费的组成

按现行规定，建筑安装工程间接费由规费和企业管理费组成。

(1)规费。规费是指政府和有关权力部门规定必须缴纳的费用(简称规费)。包括：

1)工程排污费。指施工现场按规定缴纳的工程排污费。

2)社会保障费。包括：养老保险费；失业保险费；医疗保险费；工伤保险费；生育保险费。企业应按照国家规定的各项标准为职工缴纳社会保障费。

3)住房公积金。企业按规定标准为职工缴纳住房公积金。

(2)企业管理费。企业管理费是指施工单位为组织施工生产和经营管理所发生的费用，具体内容见表 2-1-3。

表 2-1-3　企业管理费

项　目	内　容
管理人员工资	管理人员的基本工资、工资性补贴、职工福利费、劳动保护费等
办公费	企业管理办公用的文具、纸张、账表、印刷、邮电、书报、会议、水电、烧水和集体取暖(包括现场临时宿舍取暖)用燃料等费用
差旅交通费	职工因公出差、调动工作的差旅费、住勤补助费、市内交通费和误餐补助费，职工探亲路费，劳动力招募费，职工离退休、退职一次性路费，工伤人员就医路费，工地转移费以及管理部门使用的交通工具的油料、燃料、养路费及牌照费
固定资产使用费	管理和试验部门及附属生产单位使用的属于固定资产的房屋、设备仪器等的折旧、大修、维修或租赁费

续上表

项　　目	内　　容
工具用具使用费	管理使用的不属于固定资产的生产工具、器具、家具、交通工具和检验、试验、测绘、消防用具等的购置、维修和摊销费
劳动保险费	由企业支付离退休职工的易地安家补助费、职工退职金、6个月以上的病假人员工资、职工死亡丧葬补助费、抚恤费、按规定支付给离休干部的各项经费
工会经费	企业按职工工资总额计提的工会经费
职工教育经费	企业为职工学习先进技术和提高文化水平，按职工工资总额计提的费用
财产保险费	施工管理用财产、车辆保险费用
财务费	企业为筹集资金而发生的各种费用
税金	企业按规定缴纳的房产税、车船使用税、土地使用税、印花税等
其他	包括技术转让费、技术开发费、业务招待费、绿化费、广告费、公证费、法律顾问费、审计费、咨询费等

2.间接费的计算方法

间接费按下式计算：

$$间接费＝取费基数×间接费费率 \tag{2-1-40}$$

$$间接费费率(\%)＝规费费率(\%)＋企业管理费费率(\%) \tag{2-1-41}$$

间接费的取费基数有三种，分别是以直接费为计算基础、以人工费和机械费合计为计算基础及以人工费为计算基础。

在不同的取费基数下，规费费率和企业管理费率计算方法均不相同，见表2-1-4。

表 2-1-4　不同取费基数下的规费费率和企业管理费费率的计算

取费基数	计算方法
以直接费为计算基础	规费费率： $$规费费率(\%)＝\frac{\sum 规费缴纳标准×每万元发承包价计算基数}{每万元发承包价中的人工费含量}×$$ 人工费占直接费的比例(%) 企业管理费费率： $$企业管理费费率(\%)＝\frac{生产工人年平均管理费}{年有效施工天数×人工单价}×人工费占直接费比例(\%)$$
以人工费和机械费合计为计算基础	规费费率： $$规费费率(\%)＝\frac{\sum 规费缴纳标准×每万元发承包价计算基数}{每万元发承包价中的人工费含量和机械含量}×100\%$$ 企业管理费费率： $$企业管理费费率(\%)＝\frac{生产工人年平均管理费}{年有效施工天数×(人工单价＋每一工日机械使用费)}×100\%$$

续上表

取费基数	计算方法
以人工费为计算基础	规费费率： $$规费费率（\%）=\frac{\sum 规费缴纳标准\times 每万元发承包价计算基数}{每万元发承包价中的人工费含量}\times 100\%$$ 企业管理费费率： $$企业管理费费率（\%）=\frac{生产工人年平均管理费}{年有效施工天数\times 人工单价}\times 100\%$$

（三）利润及税金

建筑安装工程费用中的利润及税金是建筑安装企业职工为社会劳动所创造的那部分价值在建筑安装工程造价中的体现。

1. 利润

利润是指施工企业完成所承包工程获得的盈利。

1）以直接费为计算基础时利润的计算方法：

$$利润=（直接费+间接费）\times 相应利润率（\%） \tag{2-1-42}$$

2）以人工费和机械费为计算基础时利润的计算方法：

$$利润=直接费中的人工费和机械费合计\times 相应利润率（\%） \tag{2-1-43}$$

3）以人工费为计算基础时利润的计算方法：

$$利润=直接费中的人工费合计\times 相应利润率（\%） \tag{2-1-44}$$

2. 税金

建筑安装工程税金是指国家税法规定的应计入建筑安装工程费用的营业税、城市维护建设税及教育费附加。

（1）营业税。营业税计算公式为：

$$应纳营业税=计税营业额\times 3\% \tag{2-1-45}$$

计税营业额即含税营业额，指从事建筑、安装、修缮、装饰及其他工程作业收取的全部收入（包括建筑、修缮、装饰工程所用原材料及其他物资和动力的价款）。当安装设备的价值作为安装工程产值时，亦包括所安装设备的价款。但建筑安装工程总承包方将工程分包或转包给他人的，其营业额中不包括付给分包或转包方的价款。营业税的纳税地点为应税劳务的发生地。

（2）城市维护建设税。城市维护建设税是为筹集城市维护和建设资金，稳定和扩大城市、乡镇维护建设的资金来源，而对有经营收入的单位和个人征收的一种税。

城市维护建设税计算公式为：

$$应纳税额=应纳营业税额\times 适用税率 \tag{2-1-46}$$

城市维护建设税的纳税地点在市区的，其适用税率为7%；所在地为县镇的，其适用税率为5%，所在地为农村的，其适用税率为1%。城建税的纳税地点与营业税纳税地点相同。

（3）教育费附加。教育费附加计算公式为：

$$应纳税额=应纳营业税额\times 3\% \tag{2-1-47}$$

建筑安装企业的教育费附加要与其营业税同时缴纳。即使办有职工子弟学校的建筑安装企业，也应当先缴纳教育费附加，教育部门可根据企业的办学情况，酌情返还给办学单位，作为对办学经费的补助。

(4)地方教育附加。大部分地区地方教育附加计算公式为：

$$应纳税额＝应纳营业税额×2\% \qquad (2\text{-}1\text{-}48)$$

地方教育附加应专项用于发展教育事业，不得从地方教育附加中提取或列支征收或代征手续费。

(5)税金的综合计算。在工程造价的计算过程中，上述税金通常一并计算。由于营业税的计税依据是含税营业额，城市维护建设税和教育费附加的计税依据是应纳营业税额，而在计算税金时，往往已知条件是税前造价，即直接费、间接费、利润之和。因此税金的计算往往需要将税前造价先转化为含税营业额，再按相应的公式计算缴纳税金。营业额的计算公式为：

$$营业额＝\frac{直接费＋间接费＋利润}{1－营业税率－营业税率×城市维护建设税率－营业税率×教育费附加率－营业税率×地方教育附加率}$$

$$(2\text{-}1\text{-}49)$$

为了简化计算，可以直接将上述税种合并为一个综合税率，按下式计算应纳税额：

$$应纳税额＝(直接费＋间接费＋利润)×综合税率(\%) \qquad (2\text{-}1\text{-}50)$$

综合税率的计算因纳税所在地的不同而不同。

1)纳税地点在市区的企业，城市维护建设税率为7%，根据公式(2-1-49)可知：税率(%)＝3.48%。

2)纳税地点在县城、镇的企业，城市维护建设税率为5%，根据公式(2-1-49)可知：税率(%)＝3.41%。

3)纳税地点不在市区、县城、镇的企业，城市维护建设税率为1%，根据公式(2-1-49)可知：税率(%)＝3.28%。

第三节　工程建设其他费用的构成和计算

一、建设用地费

建设用地费是指为获得工程项目建设土地的使用权而在建设期内发生的各项费用，包括通过划拨方式取得土地使用权而支付的土地征用及迁移补偿费，或者通过土地使用权出让方式取得土地使用权而支付的土地使用权出让金。

(一)建设用地取得的基本方式

建设用地的取得，实质上是依法获取国有土地的使用权。根据我国《房地产管理法》规定，获取国有土地使用权的基本方式有两种：一是出让方式，二是划拨方式。建设土地取得的其他方式还包括租赁和转让方式。

1.通过出让方式获取国有土地使用权

国有土地使用权出让，是指国家将国有土地使用权在一定年限内出让给土地使用者，由土地使用者向国家支付土地使用权出让金的行为。土地使用权出让最高年限按用途确定：居住用地70年；工业用地50年；教育、科技、文化、卫生、体育用地50年；商业、旅游、娱乐用地40年；综合或者其他用地50年。

通过出让方式获取国有土地使用权又可以分成以下两种具体方式：

(1)通过招标、拍卖、挂牌等竞争出让方式获取国有土地使用权。具体的竞争方式又包括三种：投标、竞拍和挂牌。按照国家相关规定，工业(包括仓储用地，但不包括采矿用地)、商业、旅游、娱乐和商品住宅等各类经营性用地，必须以招标、拍卖或者挂牌方式出让；上述规定以外用途的土地的供地计划公布后,同一宗地有两个以上意向用地者的,也应当采用招标、拍卖或者挂牌方式出让。

(2)通过协议出让方式获取国有土地使用权。按照国家相关规定,出让国有土地使用权,除依照法律、法规和规章的规定应当采用招标、拍卖或者挂牌方式外,方可采取协议方式。以协议方式出让国有土地使用权的出让金不得低于按国家规定所确定的最低价。协议出让底价不得低于拟出让地块所在区域的协议出让最低价。

2.通过划拨方式获取国有土地使用权

国有土地使用权划拨,是指县级以上人民政府依法批准,在土地使用者缴纳补偿、安置等费用后将该幅土地交付其使用,或者将土地使用权无偿交付给土地使用者使用的行为。

国家对划拨用地有着严格的规定,下列建设用地,经县级以上人民政府依法批准,可以以划拨方式取得:国家机关用地和军事用地;城市基础设施用地和公益事业用地;国家重点扶持的能源、交通、水利等基础设施用地;法律、行政法规规定的其他用地。

依法以划拨方式取得土地使用权的,除法律、行政法规另有规定外,没有使用期限的限制。因企业改制、土地使用权转让或者改变土地用途等不再符合本规定的,应当实行有偿使用。

(二)建设用地取得的费用

建设用地如通过行政划拨方式取得,则须承担征地补偿费用或对原用地单位或个人的拆迁补偿费用;若通过市场机制取得,则不但承担以上费用,还须向土地所有者支付有偿使用费,即土地出让金。

1.征地补偿费用

建设征用土地费用的构成见表 2-1-5。

表 2-1-5 建设征用土地费用的构成

项 目	内 容
土地补偿费	土地补偿费是对农村集体经济组织因土地被征用而造成的经济损失的一种补偿。 征用耕地的补偿费,为该耕地被征前三年平均年产值的 6~10 倍。 征用其他土地的补偿费标准,由省、自治区、直辖市参照征用耕地的补偿费标准规定。土地补偿费归农村集体经济组织所有
青苗补偿费和地上附着物补偿费	(1)青苗补偿费。 青苗补偿费是因征地时对其正在生长的农作物受到损害而作出的一种赔偿。在农村实行承包责任制后,农民自行承包土地的青苗补偿费应付给本人,属于集体种植的青苗补偿费可纳入当年集体收益。凡在协商征地方案后抢种的农作物、树木等,一律不予补偿。 (2)地上附着物。 地上附着物是指房屋、水井、树木、涵洞、桥梁、公路、水利设施、林木等地面建筑物、构筑物、附着物等。视协商征地方案前地上附着物价值与折旧情况确定,应根据"拆什么,补什么;拆多少,补多少,不低于原来水平"的原则确定。如附着物产权属个人,则该项补助费付给个人。地上附着物的补偿标准,由省、自治区、直辖市规定

续上表

项　目	内　容
安置补助费	安置补助费应支付给被征地单位和安置劳动力的单位,作为劳动力安置与培训的支出以及作为不能就业人员的生活补助。征收耕地的安置补助费,按照需要安置的农业人口数计算
新菜地开发建设基金	新菜地开发建设基金指征用城市郊区商品菜地时支付的费用。这项费用交给地方财政,作为开发建设新菜地的投资
耕地占用税	耕地占用税是对占用耕地建房或者从事其他非农业建设的单位和个人征收的一种税收,目的是合理利用土地资源、节约用地,保护农用耕地。耕地占用税征收范围,不仅包括占用耕地(用于种植农作物的土地和占用前三年曾用于种植农作物的土地),还包括占用鱼塘、园地、菜地及其农业用地建房或者从事其他非农业建设,均按实际占用的面积和规定的税额一次性征收
土地管理费	土地管理费主要作为征地工作中所发生的办公、会议、培训、宣传、差旅、借用人员工资等必要的费用。土地管理费的收取标准,一般是在土地补偿费、青苗费、地面附着物补偿费、安置补助费四项费用之和的基础上提取 2%～4%。如果是征地包干,还应在四项费用之和后再加上粮食价差、副食补贴、不可预见费等费用,在此基础上提取 2%～4% 作为土地管理费

2.拆迁补偿费用

(1)拆迁补偿。拆迁补偿的方式可以实行货币补偿,也可以实行房屋产权调换。

货币补偿的金额,根据被拆迁房屋的区位、用途、建筑面积等因素,以房地产市场评估价格确定。

实行房屋产权调换的,拆迁人与被拆迁人按照计算得到的被拆迁房屋的补偿金额和所调换房屋的价格,结清产权调换的差价。

(2)搬迁、安置补助费。拆迁人应当对被拆迁人或者房屋承租人支付搬迁补助费,对于在规定的搬迁期限届满前搬迁的,拆迁人可以付给提前搬家奖励费;在过渡期限内,被拆迁人或者房屋承租人自行安排住处的,拆迁人应当支付临时安置补助费;被拆迁人或者房屋承租人使用拆迁人提供的周转房的,拆迁人不支付临时安置补助费。

3.出让金、土地转让金

土地使用权出让金为用地单位向国家支付的土地所有权收益,出让金标准一般参考城市基准地价并结合其他因素制定。基准地价由市级相关部门综合平衡后报市级人民政府审定通过。

在有偿出让和转让土地时,政府对地价不作统一规定,但坚持以下原则:即地价对目前的投资环境不产生大的影响;地价与当地的社会经济承受能力相适应;地价要考虑已投入的土地开发费用、土地市场供求关系、土地用途、所在区类、容积率和使用年限等。有偿出让和转让使用权,要向土地受让者征收契税;转让土地如有增值,要向转让者征收土地增值税;土地使用者每年应按规定的标准缴纳土地使用费。

二、与项目建设有关的其他费用

（一）建设管理费

建设管理费是指建设单位为组织完成工程项目建设，在建设期内发生的各类管理性费用。

1. 建设管理费的内容

（1）建设单位管理费是指建设单位发生的管理性质的开支。包括：工作人员工资、工资性补贴、施工现场津贴、职工福利费、住房基金、基本养老保险费、基本医疗保险费、失业保险费、工伤保险费、办公费、差旅交通费、劳动保护费、工具用具使用费、固定资产使用费、必要的办公及生活用品购置费、必要的通信设备及交通工具购置费、零星固定资产购置费、招募生产工人费、技术图书资料费、业务招待费、设计审查费、工程招标费、合同契约公证费、法律顾问费、咨询费、完工清理费、竣工验收费、印花税和其他管理性质开支。

（2）工程监理费是指建设单位委托工程监理单位实施工程监理的费用。此项费用应按国家发展和改革委员会与建设部联合发布的《建设工程监理与相关服务收费管理规定》（发改价格〔2007〕670号）计算。依法必须实行监理的建设工程施工阶段的监理收费实行政府指导价；其他建设工程施工阶段的监理收费和其他阶段的监理与相关服务收费实行市场调节价。

2. 建设管理费的计算

建设单位管理费按照工程费用之和（包括设备工器具购置费和建筑安装工程费用）乘以建设单位管理费费率计算。

$$建设单位管理费＝工程费用×建设单位管理费费率 \qquad (2\text{-}1\text{-}51)$$

建设单位管理费费率按照建设项目的不同性质、不同规模确定。有的建设项目按照建设工期和规定的金额计算建设单位管理费。

采用监理，建设单位部分管理工作量转移至监理单位。监理费应根据委托的监理工作范围和监理深度在监理合同中商定或按当地或所属行业部门有关规定计算。

建设单位采用工程总承包方式，其总包管理费由建设单位与总包单位根据总包工作范围在合同中商定，从建设管理费中支出。

（二）可行性研究费

可行性研究费是指在工程项目投资决策阶段，依据调研报告对有关建设方案、技术方案或生产经营方案进行的技术经济论证，以及编制、评审可行性研究报告所需的费用。此项费用应依据前期研究委托合同计列，或参照《国家计委关于印发〈建设项目前期工作咨询收费暂行规定〉的通知》（计投资〔1999〕1283号）规定计算。

（三）研究试验费

研究试验费是指为建设项目提供或验证设计数据、资料等进行必要的研究试验及按照相关规定在建设过程中必须进行试验、验证所需的费用。包括自行或委托其他部门研究试验所需人工费、材料费、试验设备及仪器使用费等。这项费用按照设计单位根据本工程项目的需要提出的研究试验内容和要求计算。在计算时要注意不应包括：应由科技三项费用（即新产品试制费、中间试验费和重要科学研究补助费）开支的项目；应在建筑安装费用中列支的施工企业对建筑材料、构件和建筑物进行一般鉴定、检查所发生的费用及技术革新的研究试验费；应由勘察设计费或工程费用中开支的项目。

（四）勘察设计费

勘察设计费是指对工程项目进行工程水文地质勘察、工程设计所发生的费用。包括：工程勘察费、初步设计费(基础设计费)、施工图设计费(详细设计费)、设计模型制作费。此项费用应按《关于发布〈工程勘察设计收费管理规定〉的通知》(计价格〔2002〕10 号)的规定计算。

(五)环境影响评价费

环境影响评价费是指按照《中华人民共和国环境保护法》《中华人民共和国环境影响评价法》等规定,在工程项目投资决策过程中,对其进行环境污染或影响评价所需的费用。包括编制环境影响报告书(含大纲)、环境影响报告表以及对环境影响报告书(含大纲)、环境影响报告表进行评估等所需的费用。此项费用可参照《关于规范环境影响咨询收费有关问题的通知》(计价格〔2002〕125 号)规定计算。

(六)劳动安全卫生评价费

劳动安全卫生评价费是指按照劳动部《建设项目(工程)劳动安全卫生监察规定》和《建设项目(工程)劳动安全卫生预评价管理办法》的规定,在工程项目投资决策过程中,为编制劳动安全卫生评价报告所需的费用。包括编制建设项目劳动安全卫生预评价大纲和劳动安全卫生预评价报告书以及为编制上述文件所进行的工程分析和环境现状调查等所需费用。

必须进行劳动安全卫生预评价的项目包括:

(1)属于《关于基本建设项目和大中型划分标准的规定》中规定的大中型建设项目。

(2)属于《建筑设计防火规范》(GB 50016—2006)中规定的火灾危险性生产类别为甲类的建设项目。

(3)属于劳动部颁布的《爆炸危险场所安全规定》中规定的爆炸危险场所等级为特别危险场所和高度危险场所的建设项目。

(4)大量生产或使用《职业性接触毒物危害程度分级》(GBZ 230—2010)规定的Ⅰ级、Ⅱ级危害程度的职业性接触毒物的建设项目。

(5)大量生产或使用石棉粉料或含有 10％以上的游离二氧化硅粉料的建设项目。

(6)其他由劳动行政部门确认的危险、危害因素大的建设项目。

(七)场地准备及临时设施费

1.场地准备及临时设施费的内容

(1)建设项目场地准备费是指为使工程项目的建设场地达到开工条件,由建设单位组织进行的场地平整等准备工作而发生的费用。

(2)建设单位临时设施费是指建设单位为满足工程项目建设、生活、办公的需要,用于临时设施建设、维修、租赁、使用所发生或摊销的费用。

2.场地准备及临时设施费的计算

(1)场地准备及临时设施应尽量与永久性工程统一考虑。建设场地的大型土石方工程应进入工程费用中的总图运输费用中。

(2)新建项目的场地准备和临时设施费应根据实际工程量估算,或按工程费用的比例计算。改扩建项目一般只计拆除清理费。

$$场地准备和临时设施费 = 工程费用 \times 费率 + 拆除清理费 \qquad (2\text{-}1\text{-}52)$$

(3)发生拆除清理费时可按新建同类工程造价或主材费、设备费的比例计算。凡可回收材料的拆除工程采用以料抵工方式冲抵拆除清理费。

(4)此项费用不包括已列入建筑安装工程费用中的施工单位临时设施费用。

(八)引进技术和引进设备其他费

引进技术和引进设备其他费是指引进技术和设备发生的但未计入设备购置费中的费用,

具体内容见表 2-1-6。

表 2-1-6　引进技术和引进设备其他费

项　　目	内　　容
引进项目图纸资料翻译复制费、备品备件测绘费	可根据引进项目的具体情况计列或按引进货价（FOB）的比例估列；引进项目发生备品备件测绘费时按具体情况估列
出国人员费用	包括买方人员出国设计联络、出国考察、联合设计、监造、培训等所发生的差旅费、生活费等。依据合同或协议规定的出国人次、期限以及相应的费用标准计算。生活费按照财政部、外交部规定的现行标准计算，差旅费按中国民航公布的票价计算
来华人员费用	包括卖方来华工程技术人员的现场办公费用、往返现场交通费用、接待费用等。依据引进合同或协议有关条款及来华技术人员派遣计划进行计算。来华人员接待费可按每人次费用指标计算。引进合同价款中已包括的费用内容不得重复计算
银行担保及承诺费	指引进项目由国内外金融机构出面承担风险和责任担保所发生的费用以及支付贷款机构的承诺费用。应按担保或承诺协议计取，投资估算和概算编制时可以担保金额或承诺金额为基数乘以费率计算

（九）工程保险费

工程保险费是指为转移工程项目建设的意外风险，在建设期内对建筑工程、安装工程、机械设备和人身安全进行投保而发生的费用。包括建筑安装工程一切险、引进设备财产保险和人身意外伤害险等。

根据不同的工程类别，分别以其建筑、安装工程费乘以建筑、安装工程保险费率计算。民用建筑（住宅楼、综合性大楼、商场、旅馆、医院、学校）占建筑工程费的 2‰～4‰；其他建筑（工业厂房、仓库、道路、码头、水坝、隧道、桥梁、管道等）占建筑工程费的 3‰～6‰；安装工程（农业、工业、机械、电子、电气、纺织、矿山、石油、化学及钢铁工业、钢结构桥梁）占建筑工程费的 3‰～6‰。

（十）特殊设备安全监督检验费

特殊设备安全监督检验费是指安全监察部门对在施工现场组装的锅炉及压力容器、压力管道、消防设备、燃气设备、电梯等特殊设备和设施实施安全检验收取的费用。此项费用按照建设项目所在省（市、自治区）安全监察部门的规定标准计算。无具体规定的，在编制投资估算和概算时可按受检设备现场安装费的比例估算。

（十一）市政公用设施费

市政公用设施费是指使用市政公用设施的工程项目，按照项目所在地省级人民政府有关规定建设或缴纳的市政公用设施建设配套费用以及绿化工程补偿费用。此项费用按工程所在地人民政府规定标准计列。

三、与未来生产经营有关的其他费用

（一）联合试运转费

联合试运转费是指新建或新增加生产能力的工程项目，在交付生产前按照设计文件规定的工程质量标准和技术要求,对整个生产线或装置进行负荷联合试运转所发生的费用净支出(试运转支出大于收入的差额部分费用)。

(1)试运转支出包括试运转所需原材料、燃料及动力消耗、低值易耗品、其他物料消耗、工具用具使用费、机械使用费、保险金、施工单位参加试运转人员工资以及专家指导费等。

(2)试运转收入包括试运转期间的产品销售收入和其他收入。

(3)联合试运转费不包括应由设备安装工程费用开支的调试及试车费用,以及在试运转中暴露出来的因施工原因或设备缺陷等发生的处理费用。

(二)专利及专有技术使用费

1.专利及专有技术使用费的主要内容

专利及专有技术使用费的主要内容包括:国外设计及技术资料费、引进有效专利、专有技术使用费和技术保密费;国内有效专利、专有技术使用费;商标权、商誉和特许经营权费等。

2.专利及专有技术使用费的计算

(1)按专利使用许可协议和专有技术使用合同的规定计列。

(2)专有技术的界定应以省、部级鉴定批准为依据。

(3)项目投资中只计算需在建设期支付的专利及专有技术使用费。协议或合同规定在生产期支付的使用费应在生产成本中核算。

(4)一次性支付的商标权、商誉及特许经营权费按协议或合同规定计列。协议或合同规定在生产期支付的商标权或特许经营权费应在生产成本中核算。

(5)为项目配套的专用设施投资,包括专用铁路线、专用公路、专用通信设施、送变电站、地下管道、专用码头等,如由项目建设单位负责投资但产权不归属本单位的,应作无形资产处理。

(三)生产准备及开办费

1.生产准备及开办费的内容

在建设期内,建设单位为保证项目正常生产而发生的人员培训费、提前进厂费以及投产使用必备的办公、生活家具用具及工器具等的购置费用。其内容包括:人员培训费及提前进厂费(包括自行组织培训或委托其他单位培训的人员工资、工资性补贴、职工福利费、差旅交通费、劳动保护费、学习资料费等);为保证初期正常生产(或营业、使用)所必需的生产办公、生活家具用具购置费;为保证初期正常生产(或营业、使用)必需的第一套不够固定资产标准的生产工具、器具、用具购置费(不包括备品备件费)。

2.生产准备及开办费的计算

(1)新建项目按设计定员为基数计算,改扩建项目按新增设计定员为基数计算:

$$生产准备费=设计定员\times生产准备费指标(元/人) \tag{2-1-53}$$

(2)可采用综合的生产准备费指标进行计算,也可以按费用内容的分类指标计算。

第四节　预备费和建设期利息的计算

一、预备费

(一)基本预备费

1.基本预备费的构成

基本预备费是指针对项目实施过程中可能发生难以预料的支出而事先预留的费用,又称工程建设不可预见费,主要指设计变更及施工过程中可能增加工程量的费用。

基本预备费一般由以下四部分构成:

(1)在批准的初步设计范围内,技术设计、施工图设计及施工过程中所增加的工程费用;设计变更、工程变更、材料代用、局部地基处理等增加的费用。

(2)一般自然灾害造成的损失和预防自然灾害所采取的措施费用。实行工程保险的工程项目,该费用应适当降低。

(3)竣工验收时为鉴定工程质量对隐蔽工程进行必要的挖掘和修复费用。

(4)超规超限设备运输增加的费用。

2.基本预备费的计算

基本预备费是按工程费用和工程建设其他费用二者之和为计取基础,再乘以基本预备费费率进行计算。

基本预备费费率的取值应执行国家及部门的有关规定。

$$基本预备费 = (工程费用 + 工程建设其他费用) \times 基本预备费费率 \qquad (2\text{-}1\text{-}54)$$

(二)价差预备费

1.价差预备费的内容

价差预备费是指为在建设期内利率、汇率或价格等因素的变化而预留可能增加的费用,亦称为价格变动不可预见费。价差预备费的内容包括:人工、设备、材料、施工机械的价差费,建筑安装工程费及工程建设其他费用调整,利率、汇率调整等增加的费用。

2.价差预备费的测算方法

价差预备费一般根据国家规定的投资综合价格指数,按估算年份价格水平的投资额为基数,采用复利方法计算。计算公式为:

$$PF = \sum_{t=1}^{n} I_t \left[(1+f)^m (1+f)^{0.5} (1+f)^{t-1} - 1 \right] \qquad (2\text{-}1\text{-}55)$$

式中　PF——价差预备费;

$\quad n$——建设期年份数;

$\quad I_t$——估算静态投资额中第 t 年投入的工程费用;

$\quad f$——年涨价率,政府部门有规定的按规定执行,没有规定的由可行性研究人员预测;

$\quad m$——建设前期年限(从编制估算到开工建设,单位:年)。

二、建设期利息

建设期利息主要是指在建设期内发生的为工程项目筹措资金的融资费用及债务资金利息。

当总贷款是分年均衡发放时,建设期利息的计算可按当年借款在年中支用考虑,即当年贷款按半年计息,上年贷款按全年计息。计算公式为:

$$q_j = \left(P_{j-1} + \frac{1}{2} A_j \right) \cdot i \qquad (2\text{-}1\text{-}56)$$

式中　q_j——建设期第 j 年应计利息;

$\quad P_{j-1}$——建设期第 $(j-1)$ 年末累计贷款本金与利息之和;

$\quad A_j$——建设期第 j 年贷款金额;

$\quad i$——年利率。

第二章　建设工程计价方法及计价依据

第一节　工程计价方法

一、工程计价基本原理

工程计价的基本原理可以用公式的形式表达如下：

$$分部分项工程费=\Sigma[基本构造单元工程量(定额项目或清单项目)\times相应单价]$$

$$(2-2-1)$$

工程造价的计价可分为工程计量和工程计价两个环节。

1. 工程计量

工程计量工作包括工程项目的划分和工程量的计算。

(1)单位工程基本构造单元的确定，即划分工程项目。编制工程概算预算时，主要是按工程定额进行项目的划分；编制工程量清单时主要是按照工程量清单计量规范规定的清单项目进行划分。

(2)工程量的计算就是按照工程项目的划分和工程量计算规则，就施工图设计文件和施工组织设计对分项工程实物量进行计算。工程实物量是计价的基础，不同的计价依据有不同的计算规则规定。目前，工程量计算规则包括两大类：各类工程定额规定的计算规则；各专业工程计量规范附录中规定的计算规则。

2. 工程计价

工程计价包括工程单价的确定和总价的计算。

(1)工程单价是指完成单位工程基本构造单元的工程量所需要的基本费用。工程单价包括工料单价和综合单价。

1)工料单价也称直接工程费单价，包括人工、材料、机械台班费用，是各种人工消耗量、各种材料消耗量、各类机械台班消耗量与其相应单价的乘积。计算公式为：

$$工料单价=\Sigma(人材机消耗量\times人材机单价)$$

$$(2-2-2)$$

2)综合单价包括人工费、材料费、机械台班费，还包括企业管理费、利润和风险因素。综合单价根据国家、地区、行业定额或企业定额消耗量和相应生产要素的市场价格来确定。

(2)工程总价是指经过规定的程序或办法逐级汇总形成的相应工程造价。

1)采用工料单价时，在工料单价确定后，乘以相应定额项目工程量并汇总，得出相应工程的直接工程费，再按照相应的取费程序计算其他各项费用，汇总后形成相应工程造价。

2)采用综合单价时，在综合单价确定后，乘以相应项目工程量，经汇总即可得出分部分项工程费，再按相应的办法计取措施项目、其他项目、规费项目、税金项目费，各项目费汇总后得出相应工程造价。

二、工程计价标准和依据

工程计价标准和依据主要包括计价活动的相关规章规程、工程量清单计价和计量规范、工程定额和相关造价信息。

1. 计价活动的相关规章规程

现行计价活动相关的规章规程主要包括《建筑工程发包与承包计价管理办法》、《建设项目投资估算编审规程》、《建设项目设计概算编审规程》、《建设项目施工图预算编审规程》、《建设工程招标控制价编审规程》、《建设项目工程结算编审规程》、《建设项目全过程造价咨询规程》、《建设工程造价咨询成果文件质量标准》、《建设工程造价鉴定规程》等。

2. 工程量清单计价和计量规范

工程量清单计价和计量规范由《建设工程工程量清单计价规范》(GB 50500—2013)、《房屋建筑与装饰工程工程量计算规范》(GB 50854—2013)、《仿古建筑工程工程量计算规范》(GB 50855—2013)、《通用安装工程工程量计算规范》(GB 50856—2013)、《市政工程工程量计算规范》(GB 50857—2013)、《园林绿化工程工程量计算规范》(GB 50858—2013)、《矿山工程工程量计算规范》(GB 50859—2013)、《构筑物工程工程量计算规范》(GB 50860—2013)、《城市轨道交通工程工程量计算规范》(GB 50861—2013)、《爆破工程工程量计算规范》(GB 50862—2013)等组成。

3. 工程定额

工程定额主要指国家、省、有关专业部门制定的各种定额,包括工程消耗量定额和工程计价定额等。

4. 工程造价信息

工程造价信息主要包括价格信息、工程造价指数和已完工程信息等。

三、工程计价基本程序

(一) 工程概预算编制的基本程序

工程概预算的编制是国家通过颁布统一的计价定额或指标,对建筑产品价格进行计价的活动。国家以假定的建筑安装产品为对象,制定统一的预算和概算定额。然后按概预算定额规定的分部分项子目,逐项计算工程量,套用概预算定额单价(或单位估价表)确定直接工程费,然后按规定的取费标准确定措施费、间接费、利润和税金,经汇总后即为工程概预算价值。工程概预算编制的基本程序如图 2-2-1 所示。

工程概预算单位价格的形成过程,就是依据概预算定额所确定的消耗量乘以定额单价或市场价,经过不同层次的计算形成相应造价的过程。可以用公式进一步明确工程概预算编制的基本方法和程序。

$$\text{每一计量单位建筑产品的基本构造要素(假定建筑产品)的直接工程费单价} = \text{人工费} + \text{材料费} + \text{施工机械使用费} \quad (2\text{-}2\text{-}3)$$

其中:

$$\text{人工费} = \sum(\text{人工工日数量} \times \text{人工单价}) \quad (2\text{-}2\text{-}4)$$

$$\text{材料费} = \sum(\text{材料用量} \times \text{材料单价}) + \text{检验试验费} \quad (2\text{-}2\text{-}5)$$

$$\text{机械使用费} = \sum(\text{机械台班用量} \times \text{机械台班单价}) \quad (2\text{-}2\text{-}6)$$

$$\text{单位工程直接费} = \sum(\text{假定建筑产品工程量} \times \text{直接工程费单价}) + \text{措施费} \quad (2\text{-}2\text{-}7)$$

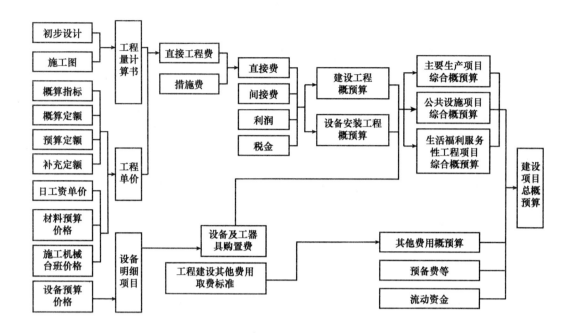

图 2-2-1　工程概预算编制程序示意图

$$单位工程概预算造价＝单位工程直接费＋间接费＋利润＋税金 \qquad (2\text{-}2\text{-}8)$$

$$单项工程概预算造价＝\sum 单位工程概预算造价＋设备、工器具购置费 \qquad (2\text{-}2\text{-}9)$$

$$建设项目全部工程概预算造价＝\sum 单项工程的概预算造价＋预备费＋有关的其他费用$$

$$(2\text{-}2\text{-}10)$$

（二）工程量清单计价的基本程序

工程量清单计价的过程可以分为两个阶段，即工程量清单的编制和工程量清单应用两个阶段。工程量清单编制程序如图 2-2-2 所示，工程量清单应用程序如图 2-2-3 所示。

工程量清单计价的基本原理是：按照工程量清单计价规范规定，在各相应专业工程计量规范规定的工程量清单项目设置和工程量计算规则基础上，针对具体工程的施工图纸和施工组织设计计算出各个清单项目的工程量，根据规定的方法计算出综合单价，并汇总各清单合价得出工程总价。

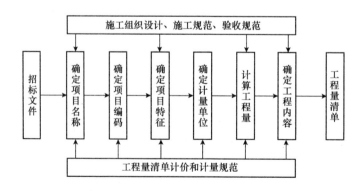

图 2-2-2　工程量清单编制程序

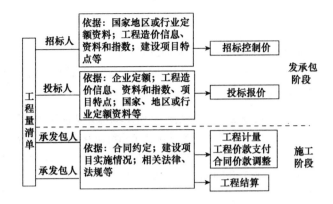

图 2-2-3 工程量清单应用程序

$$分部分项工程费 = \sum(分部分项工程量 \times 相应分部分项综合单价) \qquad (2\text{-}2\text{-}11)$$

$$措施项目费 = \sum 各措施项目费 \qquad (2\text{-}2\text{-}12)$$

$$其他项目费 = 暂列金额 + 暂估价 + 计日工 + 总承包服务费 \qquad (2\text{-}2\text{-}13)$$

$$单位工程报价 = 分部分项工程费 + 措施项目费 + 其他项目费 + 规费 + 税金 \quad (2\text{-}2\text{-}14)$$

$$单项工程报价 = \sum 单位工程报价 \qquad (2\text{-}2\text{-}15)$$

$$建设项目总报价 = \sum 单项工程报价 \qquad (2\text{-}2\text{-}16)$$

上面公式中,综合单价是指完成一个规定清单项目所需的人工费、材料和工程设备费、施工机具使用费和企业管理费、利润,以及一定范围内的风险费用。风险费用是隐含于已标价工程量清单综合单价中,用于化解发承包双方在工程合同中约定内容和范围内的市场价格波动风险的费用。

工程量清单计价活动涵盖施工招标、合同管理以及竣工交付全过程,主要包括:编制招标工程量清单、招标控制价、投标报价,确定合同价,进行工程计量与价款支付、合同价款的调整、工程结算和工程计价纠纷处理等活动。

四、工程定额体系

工程定额是完成规定计量单位的合格建筑安装产品所消耗资源的数量标准。工程定额是一个综合概念,可以按照不同的原则和方法对它进行分类。

1. 按定额反映的生产要素消耗内容分类

按定额反映的生产要素消耗内容的不同,可以把工程定额划分为劳动消耗定额、机械消耗定额和材料消耗定额三种,见表 2-2-1。

表 2-2-1 按反映的生产要素消耗内容定额的分类

项 目	内 容
劳动消耗定额	简称劳动定额(也称为人工定额),是在正常的施工技术和组织条件下,完成规定计量单位合格的建筑安装产品所消耗的人工工日的数量标准。劳动定额的主要表现形式是时间定额,但同时也表现为产量定额。时间定额与产量定额互为倒数

续上表

项　　目	内　　容
材料消耗定额	简称材料定额,是指在正常的施工技术和组织条件下,完成规定计量单位合格的建筑安装产品所消耗的原材料、成品、半成品、构配件、燃料以及水、电等动力资源的数量标准
机械消耗定额	机械消耗定额是以一台机械一个工作班为计量单位,所以又称为机械台班定额。机械消耗定额是指在正常的施工技术和组织条件下,完成规定计量单位合格的建筑安装产品所消耗的施工机械台班的数量标准。机械消耗定额的主要表现形式是机械时间定额,同时也以产量定额表现

2.按定额的编制程序和用途分类

按定额的编制程序和用途的不同,可以把工程定额分为施工定额、预算定额、概算定额、概算指标、投资估算指标五种,见表 2-2-2。

表 2-2-2　按编制程序和用途定额的分类

项　　目	内　　容
施工定额	施工定额是完成一定计量单位的某一施工过程或基本工序所需消耗的人工、材料和机械台班数量标准。施工定额是施工企业(建筑安装企业)组织生产和加强管理在企业内部使用的一种定额,属于企业定额的性质。施工定额是以某一施工过程或基本工序作为研究对象,表示生产产品数量与生产要素消耗综合关系编制的定额。为了适应组织生产和管理的需要,施工定额的项目划分很细,是工程定额中分项最细、定额子目最多的一种定额,也是工程定额中的基础性定额
预算定额	预算定额是指在正常的施工条件下,完成一定计量单位合格分项工程和结构构件所需消耗的人工、材料、施工机械台班数量及其费用标准。预算定额是一种计价性定额。从编制程序上看,预算定额是以施工定额为基础综合扩大编制的,同时它也是编制概算定额的基础
概算定额	概算定额是完成单位合格扩大分项工程或扩大结构构件所需消耗的人工、材料和施工机械台班的数量及其费用标准,是一种计价性定额。概算定额是编制扩大初步设计概算、确定建设项目投资额的依据。概算定额的项目划分粗细,与扩大初步设计的深度相适应,一般是在预算定额的基础上综合扩大而成的,每一综合分项概算定额都包含了数项预算定额
概算指标	概算指标是以单位工程为对象,反映完成一个规定计量单位建筑安装产品的经济消耗指标。概算指标是概算定额的扩大与合并,以更为扩大的计量单位来编制的。概算指标的内容包括人工、机械台班、材料定额三个基本部分,同时还列出了各结构分部的工程量及单位建筑工程(以体积计或面积计)的造价,是一种计价定额
投资估算指标	投资估算指标是以建设项目、单项工程、单位工程为对象,反映建设总投资及其各项费用构成的经济指标。它是在项目建议书和可行性研究阶段编制投资估算、计算投资需要量时使用的一种定额它的概略程度与可行性研究阶段相适应。投资估算指标往往根据历史的预决算资料和价格变动等资料编制,但其编制基础仍然离不开预算定额、概算定额

上述各种定额的相互联系可参见表 2-2-3。

表 2-2-3　各种定额间关系的比较

项目	施工定额	预算定额	概算定额	概算指标	投资估算指标
对象	施工过程或基本工序	分项工程和结构构件	扩大的分项工程或扩大的结构构件	单位工程	建设项目、单项工程、单位工程
用途	编制施工预算	编制施工图预算	编制扩大初步设计概算	编制初步设计概算	编制投资估算
项目划分	最细	细	较粗	粗	很粗
定额水平	平均先进	平均			
定额性质	生产性定额	计价性定额			

3.按照专业分

由于工程建设涉及众多的专业,不同的专业所含的内容也不同,因此就确定人工、材料和机械台班消耗数量标准的工程定额来说,也需按不同的专业分别进行编制和执行。按照专业定额的分类见表 2-2-4。

表 2-2-4　按照专业定额的分类

项　目	内　容
建筑工程定额	建筑工程定额按专业对象分为建筑及装饰工程定额、房屋修缮工程定额、市政工程定额、铁路工程定额、公路工程定额、矿山井巷工程定额等
安装工程定额	安装工程定额按专业对象分为电气设备安装工程定额、机械设备安装工程定额、热力设备安装工程定额、通信设备安装工程定额、化学工业设备安装工程定额、工业管道安装工程定额、工艺金属结构安装工程定额等

4.按主编单位和管理权限分类(表 2-2-5)

表 2-2-5　按主编单位和管理权限定额的分类

项　目	内　容
全国统一定额	全国统一定额是由国家建设行政主管部门综合全国工程建设中技术和施工组织管理的情况编制,并在全国范围内适用的定额
行业统一定额	行业统一定额是考虑到各行业部门专业工程技术特点以及施工生产和管理水平编制的。一般是只在本行业和相同专业性质的范围内使用
地区统一定额	地区统一定额包括省、自治区、直辖市定额。地区统一定额主要是考虑地区性特点和全国统一定额水平作适当调整和补充编制
企业定额	企业定额是施工单位根据本企业的施工技术、机械装备和管理水平编制的人工、施工机械台班和材料等的消耗标准。企业定额在企业内部使用,是企业综合素质的一个标志。企业定额水平一般应高于国家现行定额,才能满足生产技术发展、企业管理和市场竞争的需要。在工程量清单计价方式下,企业定额作为施工企业进行建设工程投标报价的计价依据,正发挥着越来越大的作用

续上表

项　目	内　容
补充定额	补充定额是指随着设计、施工技术的发展,现行定额不能满足需要的情况下,为了补充缺陷所编制的定额。补充定额只能在指定的范围内使用,可以作为以后修订定额的基础

第二节　工程量清单计价与计量规范

一、工程量清单计价的使用范围

计价规范适用于建设工程发承包及其实施阶段的计价活动。使用国有资金投资的建设工程发承包,必须采用工程量清单计价;非国有资金投资的建设工程,宜采用工程量清单计价;不采用工程量清单计价的建设工程,应执行计价规范中除工程量清单等专门性规定外的其他规定。

国有资金投资的项目包括全部使用国有资金(含国家融资资金)投资或以国有资金投资为主的工程建设项目。

(1)国有资金投资的工程建设项目包括:

1)使用各级财政预算资金的项目;

2)使用纳入财政管理的各种政府性专项建设资金的项目;

3)使用国有企事业单位自有资金,并且国有资产投资者实际拥有控制权的项目。

(2)国家融资资金投资的工程建设项目包括:

1)使用国家发行债券所筹资金的项目;

2)使用国家对外借款或者担保所筹资金的项目;

3)使用国家政策性贷款的项目;

4)国家授权投资主体融资的项目;

5)国家特许的融资项目。

(3)以国有资金(含国家融资资金)为主的工程建设项目是指国有资金占投资总额50%以上,或虽不足50%但国有投资者实质上拥有控股权的工程建设项目。

二、分部分项工程项目清单

分部分项工程是"分部工程"和"分项工程"的总称。"分部工程"是单位工程的组成部分,系按结构部位、路段长度及施工特点或施工任务将单位工程划分为若干分部的工程。例如,市政工程分为土石方工程、道路工程、桥涵工程、隧道工程、管网工程、水处理工程等分部工程。"分项工程"是分部工程的组成部分,系按不同施工方法、材料、工序及路段长度等分部工程划分为若干个分项或项目的工程。例如砌筑分为干砌块料、浆砌块料、砖砌体等分项工程。

分部分项工程项目清单必须载明项目编码、项目名称、项目特征、计量单位和工程量。分部分项工程项目清单必须根据各专业工程计量规范规定的项目编码、项目名称、项目特征、计量单位和工程量计算规则进行编制,其格式见表2-2-6。在分部分项工程量清单的编制过程中,由招标人负责前六项内容填列,金额部分在编制招标控制价或投标报价时填列。

表 2-2-6　分部分项工程量清单与计价表

工程名称：　　　　　　　　标段：　　　　　　　　　　　　第　页　共　页

序号	项目编码	项目名称	项目特征描述	计量单位	工程量	金额		
						综合单价	合价	其中：暂估价

（一）项目编码

项目编码是分部分项工程和措施项目清单名称的阿拉伯数字标识。分部分项工程量清单项目编码以五级编码设置，用十二位阿拉伯数字表示。一、二、三、四级编码为全国统一，即一至九位应按计价规范附录的规定设置；第五级即十至十二位为清单项目编码，应根据拟建工程的工程量清单项目名称设置，不得有重号，这三位清单项目编码由招标人针对招标工程项目具体编制，并应自 001 起顺序编制。

各级编码代表的含义如下：

第一级表示工程分类顺序码（分二位）。

第二级表示专业工程顺序码（分二位）。

第三级表示分部工程顺序码（分二位）。

第四级表示分项工程项目名称顺序码（分三位）。

第五级表示工程量清单项目名称顺序码（分三位）。

项目编码结构如图 2-2-4 所示（以房屋建筑与装饰工程为例）。

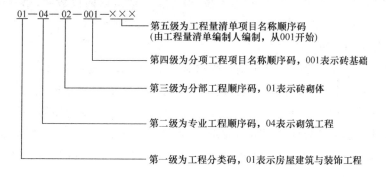

图 2-2-4　工程量清单项目编码结构

当同一标段（或合同段）的一份工程量清单中含有多个单位工程且工程量清单是以单位工程为编制对象时，在编制工程量清单时应特别注意对项目编码十至十二位的设置不得有重码的规定。

（二）项目名称

分部分项工程量清单的项目名称应按各专业工程计量规范附录的项目名称结合拟建工程的实际确定。附录表中的"项目名称"为分项工程项目名称，是形成分部分项工程量清单项目名称的基础。即在编制分部分项工程量清单时，以附录中的分项工程项目名称为基础，考虑该项目的规格、型号、材质等特征要求，结合拟建工程的实际情况，使其工程量清单项目名称具体化、细化，以反映影响工程造价的主要因素。清单项目名称应表达详细、准确，各专业工程计量规范中的分项工程项目名称如有缺陷，招标人可作补充，并报当地工程造价管理机构（省级）备案。

（三）项目特征

项目特征是构成分部分项工程项目、措施项目自身价值的本质特征。项目特征是对项目的准确描述，是确定一个清单项目综合单价不可缺少的重要依据，是区分清单项目的依据，是履行合同义务的基础。分部分项工程量清单的项目特征应按各专业工程计量规范附录中规定的项目特征，结合技术规范、标准图集、施工图纸，按照工程结构、使用材质及规格或安装位置等，予以详细而准确地表述和说明。凡项目特征中未描述到的其他独有特征，由清单编制人视项目具体情况确定，以准确描述清单项目为准。

在各专业工程计量规范附录中还有关于各清单项目"工作内容"的描述。工作内容是指完成清单项目可能发生的具体工作和操作程序，但应注意的是，在编制分部分项工程量清单时，工作内容通常无需描述，因为在计价规范中，工程量清单项目与工程量计算规则、工作内容有一一对应关系，当采用计价规范这一标准时，工作内容均有规定。

（四）计量单位

计量单位应采用基本单位，除各专业另有特殊规定外均按以下单位计量：

以重量计算的项目——吨或千克（t 或 kg）；以体积计算的项目——立方米（m^3）；以面积计算的项目——平方米（m^2）；以长度计算的项目——米（m）；以自然计量单位计算的项目——个、套、块、樘、组、台等；没有具体数量的项目——宗、项等。

各专业有特殊计量单位的，另外加以说明，当计量单位有两个或两个以上时，应根据所编工程量清单项目的特征要求，选择最适宜表现该项目特征并方便计量的单位。

计量单位的有效位数应遵守下列规定：以"t"为单位，应保留小数点后三位数字，第四位小数四舍五入；以"m"、"m^2"、"m^3"、"kg"为单位，应保留小数点后两位数字，第三位小数四舍五入；以"个"、"件"、"根"、"组"、"系统"等为单位，应取整数。

（五）工程数量的计算

工程数量主要通过工程量计算规则计算得到。工程量计算规则是指对清单项目工程量的计算规定。除另有说明外，所有清单项目的工程量应以实体工程量为准，并以完成后的净值计算。投标人投标报价时，应在单价中考虑施工中的各种损耗和需要增加的工程量。

根据工程量清单计价与计量规范的规定，工程量计算规则可以分为房屋建筑与装饰工程、仿古建筑工程、通用安装工程、市政工程、园林绿化工程、矿山工程、构筑物工程、城市轨道交通工程、爆破工程九大类。

以通用安装工程为例，其计量规范中规定的实体项目包括：机械设备安装工程，热力设备安装工程，静置设备与工艺金属结构制作安装工程，电气设备安装工程，建筑智能化工程，自动化控制仪表安装工程，通风空调工程，工业管道工程，消防工程，给排水、采暖、燃气工程，通信设备及线路工程，刷油、防腐蚀、绝缘工程等，分别制定了它们的项目设备和工程量计算规则。

随着工程建设中新材料、新技术、新工艺等的不断涌现，计量规范附录所列的工程量清单项目不可能包含所有项目。在编制工程量清单时，当出现计量规范附录中未包括的清单项目时，编制人应作补充。在编制补充项目时应注意以下三个方面：

（1）补充项目的编码应按计量规范的规定确定。具体做法如下：补充项目的编码由计量规范的代码与 B 和三位阿拉伯数字组成，并应从 001 起顺序编制，例如房屋建筑与装饰工程如需补充项目，则其编码应从 01B001 开始起顺序编制，同一招标工程的项目不得重码。

（2）在工程量清单中应附补充项目的项目名称、项目特征、计量单位、工程量计算规则和工作内容。

(3)将编制的补充项目报省级或行业工程造价管理机构备案。

三、措施项目清单

(一)措施项目列项

措施项目是指为完成工程项目施工,发生于该工程施工准备和施工过程中的技术、生活、安全、环境保护等方面的项目。

措施项目清单应根据相关工程现行国家计量规范的规定编制,并应根据拟建工程的实际情况列项。例如,《市政工程工程量计算规范》(GB 50857—2013)中规定的措施项目,包括大型机械设备进出场及安拆,施工排水、降水,安全文明施工及其他措施项目。

(二)措施项目清单的标准格式

1.措施项目清单的类别

措施项目费用的发生与使用时间、施工方法或者两个以上的工序相关,并大都与实际完成的实体工程量的大小关系不大,如安全文明施工,夜间施工,非夜间施工照明,二次搬运,冬雨季施工,地上、地下设施、建筑物的临时保护设施,已完工程及设备保护等。但是有些非实体项目则是可以计算工程量的项目,如脚手架工程,混凝土模板及支架(撑),垂直运输,超高施工增加,大型机械设备进出场及安拆,施工排水、降水等,与完成的工程实体具有直接关系,并且是可以精确计量的项目,用分部分项工程量清单的方式采用综合单价,更有利于措施费的确定和调整。措施项目中不能计算工程量的项目清单,以"项"为计量单位进行编制(表 2-2-7);可以计算工程量的项目清单宜采用分部分项工程量清单的方式编制,列出项目编码、项目名称、项目特征、计量单位和工程量计算规则(表 2-2-8)。

表 2-2-7 措施项目清单与计价表(一)

工程名称: 标段: 第 页 共 页

序号	项目编号	项目名称	计算基础	费率(%)	金额(元)
		安全文明施工			
		夜间施工			
		非夜间施工照明			
		二次搬运			
		冬雨季施工			
		地上、地下设施、建筑物的临时保护设施			
		已完成工程及设施保护			
		各专业工程的措施项目			
		……			
合计					

注:1.本表适用于以"项"计价的措施项目。

2.根据建设部、财政部发布的《建筑安装工程费组成》(建标〔2003〕206 号)的规定,计算基础可为直接费、人工费或人工费+机械费。

表 2-2-8　措施项目清单与计价表（二）

工程名称：　　　　　　　　标段：　　　　　　　　　　第　页　共　页

序号	项目编号	项目名称	项目特征描述	计量单位	工程量	金额（元）	
						综合单价	合价
本页小计							
合计							

注：本表适用于以综合单价形式计价的措施项目。

2.措施项目清单的编制

措施项目清单的编制需考虑多种因素，除工程本身的因素外，还涉及水文、气象、环境、安全等因素。措施项目清单应根据拟建工程的实际情况列项。若出现清单计价规范中

未列的项目，可根据工程实际情况补充。

措施项目清单的编制依据主要有：施工现场情况、地勘水文资料、工程特点、常规施工方案；与建设工程有关的标准、规范、技术资料；拟定的招标文件；建设工程设计文件及相关资料。

四、其他项目清单

其他项目清单是指除分部分项工程量清单、措施项目清单所包含的内容以外，因招标人的特殊要求而发生的与拟建工程有关的其他费用项目和相应数量的清单。工程建设标准的高低、工程的复杂程度、工程的工期长短、工程的组成内容、发包人对工程管理要求等都直接影响其他项目清单的具体内容。其他项目清单包括暂列金额；暂估价（包括材料暂估单价、工程设备暂估单价、专业工程暂估价）、计日工、总承包服务费。其他项目清单宜按照表 2-2-9 的格式编制，出现未包含在表格中内容的项目，可根据工程实际情况补充。

表 2-2-9　其他项目清单与计价汇总表

序号	项目名称	计量单位	金额（元）
1	暂列金额		
2	暂估价		
2.1	材料（工程设备）暂估单价		—
2.2	专业工程暂估价		
3	计日工		
4	总承包服务费		
合计			

注：材料暂估单价进入清单项目综合单价，此处不汇总。

（一）暂列金额

暂列金额是指招标人在工程量清单中暂定并包括在合同价款中的一笔款项。用于工程合同签订时尚未确定或者不可预见的所需材料、工程设备、服务的采购，施工中可能发生的工程变更、合同约定调整因素出现时的合同价款调整，以及发生的索赔、现场签证确认等的费用。

不管采用何种合同形式,其理想的标准是,一份合同的价格就是其最终的竣工结算价格,或者至少两者应尽可能接近。

我国规定对政府投资工程实行概算管理,经项目审批部门批复的设计概算是工程投资控制的刚性指标,即使商业性开发项目也有成本的预先控制问题,否则,无法相对准确预测投资的收益和科学合理地进行投资控制。但工程建设自身的特性决定了工程的设计需要根据工程进展不断地进行优化和调整,业主需求可能会随工程建设进展出现变化,工程建设过程还会存在一些不能预见、不能确定的因素。消化这些因素必然会影响合同价格的调整,暂列金额正是因这类不可避免的价格调整而设立,以便达到合理确定和有效控制工程造价的目标。设立暂列金额并不能保证合同结算价格就不会再出现超过合同价格的情况,是否超出合同价格完全取决于工程量清单编制人对暂列金额预测的准确性,以及工程建设过程是否出现了其他事先未预测到的事件。

(二)暂估价

暂估价是指招标人在工程量清单中提供的用于支付必然发生但暂时不能确定价格的材料、工程设备的单价以及专业工程的金额,包括材料暂估单价、工程设备暂估单价和专业工程暂估价。暂估价数量和拟用项目应当结合工程量清单中的"暂估价表"予以补充说明。为方便合同管理,需要纳入分部分项工程量清单项目综合单价中的暂估价应只是材料、工程设备暂估单价,以方便投标人组价。

专业工程的暂估价一般应是综合暂估价,应当包括除规费和税金以外的管理费、利润等取费。公开透明地合理确定这类暂估价的实际开支金额的最佳途径就是通过施工总承包人与工程建设项目招标人共同组织的招标。

暂估价中的材料、工程设备暂估单价应根据工程造价信息或参照市场价格估算,列出明细表;专业工程暂估价应分不同专业,按有关计价规定估算,列出明细表。暂估价可按照表 2-2-10、表 2-2-11 的格式列示。

表 2-2-10　材料(工程设备)暂估单价表

工程名称:　　　　　　　　标段:　　　　　　　　　　　　第　页　共　页

序号	材料(工程设备)名称、规格、型号	计量单位	单价(元)	备注
1				
2				
3				

注:1.此表由招标人填写,并在备注栏说明暂估价的材料、工程设备拟用在哪些清单项目上,投标人应将上述材料、工程设备暂估单价计入工程量清单综合单价报价中。

　　2.材料、工程设备单位包括《建筑安装工程费用项目组成》(建标〔2003〕206 号)中规定的材料、工程设备费内容。

表 2-2-11　专业工程暂估价

工程名称:　　　　　　　　标段:　　　　　　　　　　　　第　页　共　页

序号	工程名称	工程内容	金额(元)	备注
1				
2				

续上表

序号	工程名称	工程内容	金额(元)	备注
3				
合计				

注:此表由招标人填写,投标人应将上述专业工程暂估价计入投标总价中。

(三)计日工

计日工是指在施工过程中,承包人完成发包人提出的工程合同范围以外的零星项目或工作,按合同中约定的单价计价的一种方式。

计日工是为了解决现场发生的零星工作的计价而设立的。国际上常见的标准合同条款中,大多数都设立了计日工计价机制。计日工对完成零星工作所消耗的人工工时、材料数量、施工机械台班进行计量,并按照计日工表中填报的适用项目的单价进行计价支付。计日工适用的所谓零星项目或工作一般是指合同约定之外的或者因变更而产生的、工程量清单中没有相应项目的额外工作,尤其是那些难以事先商定价格的额外工作。

计日工应列出项目名称、计量单位和暂估数量。计日工可按照表2-2-12的格式列示。

表 2-2-12　计日工表

工程名称:　　　　　　　标段:　　　　　　　　　　第　页　共　页

序号	项目名称	计量单位	暂定数量	综合单价	合价
一	人工				
1					
2					
...					
人工小计					
二	材料				
1					
2					
...					
材料小计					
三	施工机械				
1					
2					
...					
施工机械小计					
总计					

注:此表项目名称、数量由招标人填写,编制招标控制价时,单价由招标人按有关规定确定;投标时,单价由投标人自主报价,计入投标总价中。

（四）总承包服务费

总承包服务费是指总承包人为配合协调发包人进行的专业工程发包,对发包人自行采购的材料、工程设备等进行保管以及施工现场管理、竣工资料汇总整理等服务所需的费用。招标人应预计该项费用并按投标人的投标报价向投标人支付该项费用。

总承包服务费应列出服务项目及其内容等。总承包服务费按照表2-2-13的格式列示。

表 2-2-13　总承包服务费计价表

工程名称：　　　　　　　标段：　　　　　　　　　　　第　页　共　页

序号	项目名称	项目价值(元)	服务内容	费率(%)	金额(元)
1	发包人发包专业工程				
2	发包人提供材料				
合计					

注:此表项目名称、服务内容由招标人填写,编制招标控制价时,费率及金额由招标人按有关计价规定确定;投标时,费率及金额由投标人自主报价,计入投标总价中。

五、规费、税金项目清单

规费、税金项目清单的内容见表2-2-14。

表 2-2-14　规费、税金项目清单的内容

项目	内容
规费项目清单	规费项目清单应按照下列内容列项:社会保险费,包括养老保险费、失业保险费、医疗保险费、工伤保险费、生育保险费;住房公积金;工程排污费;出现计价规范中未列的项目,应根据省级政府或省级有关权力部门的规定列项
税金项目清单	税金项目清单应包括下列内容:营业税;城市维护建设税;教育费附加;地方教育附加。出现计价规范未列的项目,应根据税务部门的规定列项

规费、税金项目计价表见表2-2-15。

表 2-2-15　规费、税金项目计价表

工程名称：　　　　　　　标段：　　　　　　　　　　　第　页　共　页

序号	项目名称	计算基础	计算基数	计算费率(%)	金额(元)
1	规费	定额人工费			
1.1	社会保障费	定额人工费			
(1)	养老保险费	定额人工费			
(2)	失业保险费	定额人工费			
(3)	医疗保险费	定额人工费			
(4)	工伤保险费	定额人工费			
(5)	生育保险费	定额人工费			
1.2	住房公积金	定额人工费			

续上表

序号	项目名称	计算基础	计算基数	计算费率(%)	金额(元)
1.3	工程排污费	按工程所在地环境保护部门收取标准,按实计入			
...					
2	税金	分部分项目工程费＋措施费项目费＋其他项目费＋规费－按规定不计税的工程设备金额			
合计					

编制人(造价人员):　　　　　　　　　　复核人(造价工程师):

第三节　建筑安装工程人工、材料及机械台班定额消耗量

一、施工过程分析及工时研究

（一）施工过程及其分类

1.施工过程

施工过程就是在建设工地范围内所进行的生产过程。其最终目的是要建造、恢复、改建、移动或拆除工业、民用建筑物和构筑物的全部或一部分。

建筑安装施工过程与其他物质生产过程一样,也包括生产力三要素,即劳动者、劳动对象、劳动工具。

施工过程是由不同工种、不同技术等级的建筑安装工人完成的,并且必须有一定的劳动对象(建筑材料、半成品、构件、配件等),使用一定的劳动工具(手动工具、小型机具和机械等)。每个施工过程的结束,获得了一定的产品,这种产品或者是改变了劳动对象的外表形态、内部结构或性质(由于制作和加工的结果),或者是改变了劳动对象在空间的位置(由于运输和安装的结果)。

2.施工过程分类

为了使我们能够更深入地确定施工过程各个工序组成的必要性及其顺序的合理性,正确制定各个工序所需要的工时消耗,应对施工过程进行细致分析。

（1）根据施工过程组织上的复杂程度,可以将其分解为工序、工作过程和综合工作过程。

1）工序是在组织上不可分割的,在操作过程中技术上属于同类的施工过程。工序的特征是:工作者不变,劳动对象、劳动工具和工作地点也不变。在工作中如有一项改变,那就说明已经由一项工序转入另一项工序了。

从施工的技术操作和组织观点看,工序是工艺方面最简单的施工过程。如果从劳动过程的观点看,工序又可以分解为更小的组成部分——操作和动作。操作本身又包括了最小的组成部分——动作,而动作又是由许多动素组成的。动素是人体动作的分解,每一个操作和动作都是完成施工工序的一部分。施工过程、工序、操作、动作的关系如图 2-2-5 所示。

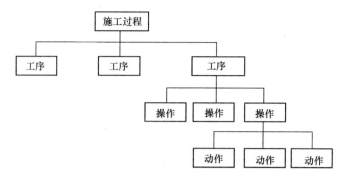

图 2-2-5　施工过程的组成

在编制施工定额时,工序是基本的施工过程,是主要的研究对象。测定定额时只需分解和标定到工序为止。如果进行某项先进技术或新技术的工时研究,就要分解到操作甚至动作为止,从中研究可加以改进操作或节约工时。

工序可以由一个人来完成,也可以由小组或施工队内的几名工人协同完成;可以手动完成,也可以由机械操作完成。在机械化的施工工序中,还可以包括由工人自己完成的各项操作和由机器完成的工作两部分。

2)工作过程是由同一工人或同一小组所完成的在技术操作上相互有机联系的工序的总合体。其特点是人员编制不变,工作地点不变,而材料和工具则可以变换。

3)综合工作过程是同时进行的,在组织上有机地联系在一起的,并且最终能获得一种产品的施工过程的总和。

(2)按照工艺特点,施工过程可以分为循环施工过程和非循环施工过程两类。凡各个组成部分按一定顺序一次循环进行,并且每经一次重复都可以生产出同一种产品的施工过程,称为循环施工过程。反之,若施工过程的工序或其组成部分不是以同样的次序重复,或者生产出来的产品各不相同,这种施工过程则称为非循环的施工过程。

3.施工过程的影响因素

对施工过程的影响因素进行研究,可以正确确定单位施工产品所需要的作业时间消耗。施工过程的影响因素包括技术因素、组织因素和自然因素,见表 2-2-16。

表 2-2-16　施工过程的影响因素

影响因素	内　容
技术因素	产品的种类和质量要求,所用材料、半成品、构配件的类别、规格和性能,所用工具和机械设备的类别、型号、性能及完好情况等
组织因素	施工组织与施工方法、劳动组织、工人技术水平、操作方法和劳动态度、工资分配方式、劳动竞赛等
自然因素	酷暑、大风、雨、雪、冰冻等气候

(二)工作时间分类

研究施工中的工作时间最主要的目的是确定施工的时间定额和产量定额,其前提是对工作时间按其消耗性质进行分类,以便研究工时消耗的数量及其特点。

工作时间,指的是工作班延续时间。例如 8 小时工作制的工作时间就是 8 小时,午休时间不包括在内。对工作时间消耗的研究,可以分为两个系统进行,即工人工作时间的消耗和工人所使用的机器工作时间消耗。

1. 工人工作时间消耗的分类

工人在工作班内消耗的工作时间,按其消耗的性质,基本可以分为两大类:必需消耗的时间和损失时间。工人工作时间的分类一般如图 2-2-6 所示。

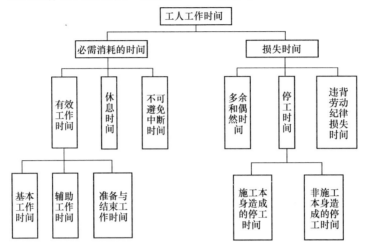

图 2-2-6 工人工作时间分类图

(1)必需消耗的工作时间是工人在正常施工条件下,为完成一定合格产品或完成一个工作任务所消耗掉时间,是制定定额的主要依据,包括有效工作时间、休息时间和不可避免中断时间的消耗。

1)有效工作时间是从生产效果来看与产品生产直接有关的时间消耗。其中,包括基本工作时间、辅助工作时间、准备与结束工作时间的消耗。

①基本工作时间是工人完成能生产一定产品的施工工艺过程所消耗的时间。通过这些工艺过程可以使材料改变外形、结构与性质;可以使预制构配件安装组合成型;也可以改变产品外部及表面的性质。基本工作时间所包括的内容依工作性质各不相同。基本工作时间的长短和工作量大小成正比。

②辅助工作时间是为保证基本工作能顺利完成所消耗的时间。在辅助工作时间里,不能使产品的形状大小、性质或位置发生变化。辅助工作时间的结束,往往就是基本工作时间的开始。辅助工作一般是手工操作。但如果在机手并动的情况下,辅助工作是在机械运转过程中进行的,为避免重复则不应再计辅助工作时间的消耗。辅助工作时间的长短与工作量大小有关。

③准备与结束工作时间是执行任务前或任务完成后所消耗的工作时间。准备和结束工作时间的长短与所担负的工作量大小无关,但往往和工作内容有关。这项时间消耗可以分为班内的准备与结束工作时间和任务的准备与结束工作时间。其中,任务的准备和结束时间是在一批任务的开始与结束时产生的,如熟悉图纸、准备相应的工具、事后清理场地等,通常不反映在每一个工作班里。

2)休息时间是工人在工作过程中为恢复体力所必需的短暂休息和生理需要的时间消耗。这种时间是为了保证工人精力充沛地进行工作,所以在定额时间中必须进行计算。休息时间的长短和劳动条件、劳动强度有关,劳动越繁重紧张、劳动条件越差,则休息时间越长。

3)不可避免的中断所消耗的时间是由于施工工艺特点引起的工作中断所必需的时间。与施工过程工艺特点有关的工作中断时间,应包括在定额时间内,但应尽量缩短此项时间消耗。

(2)损失时间与产品生产无关,而与施工组织和技术上的缺点有关,与工人在施工过程中的个人过失或某些偶然因素有关,损失时间中包括有多余和偶然工作、停工、违背劳动纪律所引起的工时损失。

1)多余工作,就是工人进行了任务以外而又不能增加产品数量的工作。多余工作的工时损失,一般都是由于工程技术人员和工人的差错而引起的,因此,不应计入定额时间中。偶然工作也是工人在任务外进行的工作,但能够获得一定产品。如抹灰工不得不补上偶然遗留的墙洞等。由于偶然工作能获得一定产品,拟定定额时要适当考虑它的影响。

2)停工时间是工作班内停止工作造成的工时损失。停工时间按其性质可分为施工本身造成的停工时间和非施工本身造成的停工时间两种。施工本身造成的停工时间,是由于施工组织不善、材料供应不及时、工作面准备工作做得不好、工作地点组织不良等情况引起的停工时间。非施工本身造成的停工时间,是由于水源、电源中断引起的停工时间。前一种情况在拟定定额时不应该计算,后一种情况定额中则应给予合理的考虑。

3)违背劳动纪律造成的工作时间损失,是指工人在工作班开始和午休后的迟到、午饭前和工作班结束前的早退、擅自离开工作岗位、工作时间内聊天或办私事等造成的工时损失。由于个别工人违背劳动纪律而影响其他工人无法工作的时间损失,也包括在内。

2.机器工作时间消耗的分类

在机械化施工过程中,对工作时间消耗的分析和研究,除了要对工人工作时间的消耗进行分类研究之外,还需要分类研究机器工作时间的消耗。

机器工作时间的消耗,按其性质也分为必需消耗的时间和损失时间两大类,如图 2-2-7 所示。

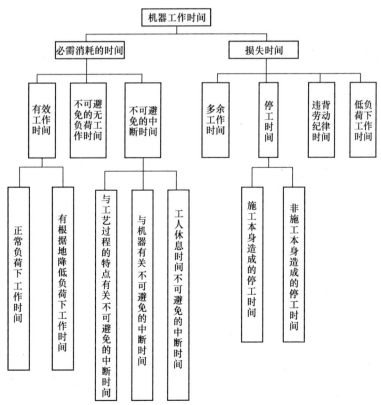

图 2-2-7　机器工作时间分类图

(1)在必需消耗的工作时间里,包括有效工作、不可避免的无负荷工作和不可避免的中断三项时间消耗。而在有效工作的时间消耗中又包括正常负荷下、有根据地降低负荷下的工时消耗。

1)正常负荷下的工作时间,是机器在与机器说明书规定的额定负荷相符的情况下进行工作的时间。

2)有根据地降低负荷下的工作时间,是在个别情况下由于技术上的原因,机器在低于其计算负荷下工作的时间。例如,汽车运输重量轻而体积大的货物时,不能充分利用汽车的载重吨位因而不得不降低其计算负荷。

3)不可避免的无负荷工作时间,是由施工过程的特点和机械结构的特点造成的机械无负荷工作时间。例如,筑路机在工作区末端调头等,就属于此项工作时间的消耗。

4)不可避免的中断工作时间是与工艺过程的特点、机器的使用和保养、工人休息有关的中断时间。

①与工艺过程的特点有关的不可避免中断工作时间,有循环的和定期的两种。循环的不可避免中断,是在机器工作的每一个循环中重复一次。定期的不可避免中断,是经过一定时期重复一次。

②与机器有关的不可避免中断工作时间,是由于工人进行准备与结束工作或辅助工作时,机器停止工作而引起的中断工作时间。它是与机器的使用与保养有关的不可避免中断时间。

③工人休息时间,前面已经作了说明。这里要注意的是,应尽量利用与工艺过程有关的和与机器有关的不可避免中断时间进行休息,以充分利用工作时间。

(2)损失的工作时间包括多余工作、停工、违背劳动纪律所消耗的工作时间和低负荷下的工作时间。

1)机器的多余工作时间,一是机器进行任务内和工艺过程内未包括的工作而延续的时间,如工人没有及时供料而使机器空运转的时间;二是机械在负荷下所做的多余工作,如混凝土搅拌机搅拌混凝土时超过规定搅拌时间,即属于多余工作时间。

2)机器的停工时间,按其性质也可分为施工本身造成和非施工本身造成的停工。前者是由于施工组织得不好而引起的停工现象,如由于未及时供给机器燃料而引起的停工。后者是由于气候条件所引起的停工现象。上述停工中延续的时间,均为机器的停工时间。

3)违反劳动纪律引起的机器的时间损失,是指由于工人迟到早退或擅离岗位等原因引起的机器停工时间。

4)低负荷下的工作时间,是由于工人或技术人员的过错所造成的施工机械在降低负荷的情况下工作的时间。此项工作时间不能作为计算时间定额的基础。

(三)计时观察法

定额测定是制定定额的一个主要步骤。测定定额是用科学的方法观察、记录、整理、分析施工过程,为制定建筑工程定额提供可靠依据。测定定额通常使用计时观察法,计时观察法是测定时间消耗的基本方法。

1.计时观察法概述

计时观察法,是研究工作时间消耗的一种技术测定方法。它以研究工时消耗为对象,以观察测时为手段,通过密集抽样和粗放抽样等技术进行直接的时间研究。计时观察法用于建筑施工中时以现场观察为主要技术手段,所以也叫现场观察法。计时观察法的具体用途如下。

(1)取得编制施工的劳动定额和机械定额所需要的基础资料和技术根据。

(2)研究先进工作法和先进技术操作对提高劳动生产率的具体影响,并应用和推广先进工作法和先进技术操作。

(3)研究减少工时消耗的潜力。

(4)研究定额执行情况,包括研究大面积、大幅度超额和达不到定额的原因,积累资料、反馈信息。

计时观察法能够把现场工时消耗情况和施工组织技术条件联系起来加以考察,它不仅能为制定定额提供基础数据,而且也能为改善施工组织管理、改善工艺过程和操作方法、消除不合理的工时损失和进一步挖掘生产潜力提供技术根据。计时观察法的局限性,是考虑人的因素不够。

2.计时观察前的准备工作

计时观察前的准备工作见表 2-2-17。

表 2-2-17　计时观察前的准备工作

项　目	内　容
确定需要进行计时观察的施工过程	计时观察之前的第一个准备工作,是研究并确定有哪些施工过程需要进行计时观察。对于需要进行计时观察的施工过程要编出详细的目录,拟订工作进度计划,制定组织技术措施,并组织编制定额的专业技术队伍,按计划认真开展工作。在选择观察对象时,必须注意所选择的施工过程要完全符合正常施工条件。所谓施工的正常条件,是指绝大多数企业和施工队、组,在合理组织施工的条件下所处的施工条件。与此同时,还需调查影响施工过程的技术因素、组织因素和自然因素
对施工过程进行预研究	对于已确定的施工过程的性质应进行充分的研究,目的是为了正确地安排计时观察和收集可靠的原始资料。研究的方法,是全面地对各个施工过程及其所处的技术组织条件进行实际调查和分析,以便设计正常的(标准的)施工条件和分析研究测时数据。 (1)熟悉与该施工过程有关的现行技术规范和技术标准等文件和资料。 (2)了解新采用的工作方法的先进程度,了解已经得到推广的先进施工技术和操作,还应了解施工过程存在的技术组织方面的缺点和由于某些原因造成的混乱现象。 (3)注意系统地收集完成定额的统计资料和经验资料,以便与计时观察所得的资料进行对比分析。 (4)把施工过程划分为若干个组成部分(一般划分到工序)。施工过程划分的目的是便于计时观察。如果计时观察法的目的是为了研究先进工作法,或是分析影响劳动生产率提高或降低的因素,则必须将施工过程划分到操作以至动作。 (5)确定定时点和施工过程产品的计量单位。所谓定时点,即是上下两个相衔接的组成部分之间的分界点。确定定时点,对于保证计时观察的精确性是不容忽略的因素。确定产品计量单位,要能具体地反映产品的数量,并具有最大限度的稳定性

续上表

项 目	内 容
选择观察对象	观察对象,就是对其进行计时观察完成该施工过程的工人。所选择的建筑安装工人,应具有与技术等级相符的工作技能和熟练程度,所承担的工作与其技术等级相符,同时应该能够完成或超额完成现行的施工劳动定额
其他准备工作	还应准备好必要的用具和表格。如测时用的秒表或电子计时器,记录和整理测时资料用的各种表格,测量产品数量的工器具等。如果有条件且有必要,还可配备电影摄像和电子记录设备

3.计时观察法的分类

计时观察法种类很多,最主要的有三种,如图2-2-8所示。

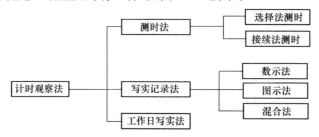

图 2-2-8 计时观察法的种类

(1)测时法。测时法主要适用于测定定时重复的循环工作的工时消耗,是精确度比较高的一种计时观察法,一般可达到0.2~15 s。测时法只用来测定施工过程中循环组成部分工作时间消耗,不研究工人休息、准备与结束即其他非循环的工作时间。

1)测时法的分类。根据具体测时手段不同,可将测时法分为选择法和接续法两种,见表2-2-18。

表 2-2-18 测时法的分类

类 型	内 容
选择法测时	选择法测时是间隔选择施工过程中非紧连接的组成部分(工序或操作)测定工时,精确度达0.5 s。 选择法测时也称为间隔法测时。采用选择法测时,当被观察的某一循环工作的组成部分开始,观察者立即开动秒表,当该组成部分终止,则立即停止秒表。然后把秒表上指示的延续时间记录到选择法测时记录(循环整理)表上,并把秒针拨回到零点。下一组成部分开始,再开动秒表,如此依次观察,并依次记录下延续时间。 采用选择法测时,应特别注意掌握定时点。记录时间时仍在进行的工作组成部分,应不予观察。当所测定的各工序或操作的延续时间较短时,连续测定比较困难,用选择法测时比较方便且简单
接续法测时	接续法测时是连续测定一个施工过程各工序或操作的延续时间。接续法测时每次要记录各工序或操作的终止时间,并计算出本工序的延续时间。 接续法测时也称作连续法测时。它比选择法测时准确、完善,但观察技术也较之复杂。它的特点是在工作进行中和非循环组成部分出现之前一直不停止秒表,秒针走动过程中,观察者根据各组成部分之间的定时点,记录它的终止时间,再用定时点终止时间之间的差表示各组成部分的延续时间

2)测时法的观察次数。由于测时法是属于抽样调查的方法,因此为了保证选取样本的数据可靠,需要对于同一施工过程进行重复测时。一般来说,观测的次数越多,资料的准确性越高,但要花费较多的时间和人力,这样既不经济,也不现实。确定观测次数较为科学的方法,应该是依据误差理论和经验数据相结合的方法来判断。表 2-2-19 给出了测时法下观察次数的确定方法。很显然,需要的观察次数与要求的算术平均值精确度及数列的稳定系数有关。

表 2-2-19　测时法所必需的观察次数表

稳定系数 $K_P = \dfrac{t_{max}}{t_{min}}$	要求的算术平均值精确度 $E = \pm \dfrac{1}{x} \sqrt{\dfrac{\sum \Delta^2}{n(n-1)}}$				
	5%以内	7%以内	10%以内	15%以内	25%以内
	观察次数				
1.5	9	6	5	5	5
2	16	11	7	5	5
2.5	23	15	10	6	5
3	30	18	12	8	6
4	39	25	15	10	7
5	47	31	19	11	8

注:t_{max}—最大观测值;t_{min}—最小观测值;$\overline{x}$—算术平均值;n—观察次数;Δ—每次观察值与算术平均值之差。

(2)写实记录法。写实记录法是一种研究各种性质的工作时间消耗的方法,包括基本工作时间、辅助工作时间、不可避免中断时间、准备与结束时间以及各种损失时间。采用这种方法,可以获得分析工作时间消耗和制定定额所必需的全部资料。这种测定方法比较简便、易于掌握,并能保证必需的精确度。因此,写实记录法在实际中得到了广泛应用。

写实记录法的观察对象,可以是一个工人,也可以是一个工人小组。当观察由一个人单独操作或产品数量可单独计算时,采用个人写实记录。如果观察工人小组的集体操作,而产品数量又无法单独计算时,则可采用集体写实记录。

1)写实记录法的种类。写实记录法按记录时间的方法不同分为数示法、图示法和混合法三种(表 2-2-20),计时一般采用有秒针的普通计时表即可。

表 2-2-20　写实记录分类

分　类	内　容
数示法	数示法的特征是用数字记录工时消耗,是三种写实记录法中精确度较高的一种,精确度达 5 s,可以同时对两个工人进行观察,适用于组成部分较少而且比较稳定的施工过程。数示法用来对整个工作班或半个工作班进行长时间观察,因此能反映工人或机器工作日全部情况
图示法	图示法是在规定格式的图表上用时间进度线条表示工时消耗量的一种记录方式,精确度可达 30 s,可同时对 3 个以内的工人进行观察。这种方法的主要优点是记录简单,时间一目了然,原始记录整理方便

分　类	内　　容
混合法	混合法吸取数字和图示两种方法的优点,以图示法中的时间进度线条表示工序的延续时间,在进度线的上部加写数字表示各时间区段的工人数。混合法适用于3个以上工人工作时间的集体写实记录

2)写实记录法的延续时间。与确定测时法的观察次数相同,为保证写实记录法的数据可靠性,需要确定写实记录法的延续时间。延续时间的确定,是指在采用写实记录法中任何一种方法进行测定时,对每个被测施工过程或同时测定两个以上施工过程所需的总延续时间的确定。

延续时间的确定,应立足于既不能消耗过多的观察时间,又能得到比较可靠和准确的结果。同时还必须注意:所测施工过程的广泛性和经济价值;已经达到的功效水平的稳定程度;同时测定不同类型施工过程的数目;被测定的工人人数以及测定完成产品的可能次数等。写实记录法所需的延续时间见表 2-2-21,必须同时满足表中三项要求,如其中任一项达不到最低要求,应酌情增加延续时间。

表 2-2-21　写实记录法确定延续时间表

序号	项　　目	同时测定施工过程的类型数	测定对象		
			单人的	集体的	
				2～3 人	4 人以上
1	被测定的个人或小组的最低数	任一数	3 人	3 个小组	2 个小组
2	测定总延续时间的最小值(小时)	1	16	12	8
		2	23	18	12
		3	28	21	24
3	测定完成产品的最低次数	1	4	4	4
		2	6	6	6
		3	7	7	7

(3)工作日写实法。工作日写实法是一种研究整个工作班内的各种工时消耗的方法。运用工作日写实法主要有两个目的,一是取得编制定额的基础资料;二是检查定额的执行情况,找出缺点,改进工作。当用于第一个目的时,工作日写实的结果要获得观察对象在工作班内工时消耗的全部情况,以及产品数量和影响工时消耗的影响因素。其中,工时消耗应该按工时消耗的性质分类记录。在这种情况下,通常需要测定 3～4 次。当用于第二个目的时,通过工作日写实应该做到:查明工时损失量和引起工时损失的原因,制订消除工时损失,改善劳动组织和工作地点组织的措施,查明熟练工人是否能发挥自己的专长,确定合理的小组编制和合理的小组分工;确定机器在时间利用和生产率方面的情况,找出使用不当的原因,订出改善机器使用情况的技术组织措施,计算工人或机器完成定额的实际百分比和可能百分比。在这种情况下,通常需要测定 1～3 次。

工作日写实法与测时法、写实记录法相比较,具有技术简便、应用面广和资料全面的优点,在我国是一种采用较广的编制定额的方法。

工作日写实法的缺点：由于有观察人员在场，即使在观察前做了充分准备，仍不免在工时利用上有一定的虚假性；工作日写实法的观察工作量较大，费时较多，费用亦高。

工作日写实法，利用写实记录表记录观察资料。记录时间时不需要将有效工作时间分为各个组成部分，只需划分适合于技术水平和不适合于技术水平两类。但是工时消耗还需按性质分类记录。

二、确定人工定额消耗量的基本方法

（一）确定工序作业时间

根据计时观察资料的分析和选择，我们可以获得各种产品的基本工作时间和辅助工作时间，将这两种时间合并称之为工序作业时间。它是产品主要的必需消耗的工作时间，是各种因素的集中反映，决定着整个产品的定额时间。

1. 基本工作时间

基本工作时间在必需消耗的工作时间中占的比重最大。在确定基本工作时间时，必须细致、精确。基本工作时间消耗一般应根据计时观察资料来确定。

其做法是，首先确定工作过程每一组成部分的工时消耗，然后再综合出工作过程的工时消耗。如果组成部分的产品计量单位和工作过程的产品计量单位不符，就需先求出不同计量单位的换算系数，进行产品计量单位的换算，然后再相加，求得工作过程的工时消耗。

（1）各组成部分与最终产品单位一致时的基本工作时间计算。此时，单位产品基本工作时间就是施工过程各个组成部分作业时间的总和，计算公式为：

$$T_1 = \sum_{i=1}^{n} t_i \tag{2-2-17}$$

式中　T_1——单位产品基本工作时间；

　　　t_i——各组成部分的基本工作时间；

　　　n——各组成部分的个数。

（2）各组成部分单位与最终产品单位不一致时的基本工作时间计算。此时，各组成部分基本工作时间应分别乘以相应的换算系数。计算公式为：

$$T_1 = \sum_{i=1}^{n} k_i \times t_i \tag{2-2-18}$$

式中　k_i——对应于 t_i 的换算系数。

2. 辅助工作时间

辅助工作时间的确定方法与基本工作时间相同。如果在计时观察时不能取得足够的资料，也可采用工时规范或经验数据来确定。如具有现行的工时规范，可以直接利用工时规范中规定的辅助工作时间的百分比来计算。

（二）确定规范时间

1. 确定准备与结束时间

准备与结束工作时间分为工作日和任务两种。任务的准备与结束时间通常不能集中在某一个工作日中，而要采取分摊计算的方法，分摊在单位产品的时间定额里。

如果在计时观察资料中不能取得足够的准备与结束时间的资料，也可根据工时规范或经验数据来确定。

2.确定不可避免的中断时间

在确定不可避免中断时间的定额时,必须注意由工艺特点所引起的不可避免中断才可列入工作过程的时间定额。

不可避免中断时间也需要根据测时资料通过整理分析获得,也可以根据经验数据或工时规范,以占工作日的百分比表示此项工时消耗的时间定额。

3.拟定休息时间

休息时间应根据工作班作息制度、经验资料、计时观察资料以及对工作的疲劳程度作全面分析来确定。同时,应考虑尽可能利用不可避免中断时间作为休息时间。

规范时间均可利用工时规范或经验数据确定,常用的参考数据见表 2-2-22。

表 2-2-22　准备与结束、休息、不可避免中断时间占工作班时间的百分率参考表

时间分类 / 工种	准备与结束时间占工作时间(%)	休息时间占工作时间(%)	不可避免中断时间占工作时间(%)
材料运输及材料加工	2	13～16	2
人力土方工程	3	13～16	2
架子工程	4	12～15	2
砖石工程	6	10～13	4
抹灰工程	6	10～13	3
手工木作工程	4	7～10	3
机械木作工程	3	4～7	3
模板工程	5	7～10	3
钢筋工程	4	7～10	4
现浇混凝土工程	6	10～13	3
预制混凝土工程	4	10～13	2
防水工程	5	25	3
油漆玻璃工程	3	4～7	2
钢制品制作及安装工程	4	4～7	2
机械土方工程	2	4～7	2
石方工程	4	13～16	2
机械打桩工程	6	10～13	3
构件运输及吊装工程	6	10～13	3
水暖电气工程	5	7～10	3

(三)拟定定额时间

确定的基本工作时间、辅助工作时间、准备与结束工作时间、不可避免中断时间与休息时间之和,就是劳动定额的时间定额。根据时间定额可计算出产量定额,时间定额和产量定额互成倒数。

利用工时规范,可以计算劳动定额的时间定额。计算公式如下:

$$工序作业时间＝基本工作时间＋辅助工作时间 \qquad (2\text{-}2\text{-}19)$$

$$规范时间＝准备与结束工作时间＋不可避免的中断时间＋休息时间 \qquad (2\text{-}2\text{-}20)$$

$$工序作业时间＝基本工作时间/[1－辅助时间(\%)] \qquad (2\text{-}2\text{-}21)$$

$$定额时间＝\frac{工序作业时间}{1－规范时间} \qquad (2\text{-}2\text{-}22)$$

三、确定材料定额消耗量的基本方法

(一)材料的分类

1.根据材料消耗的性质划分

施工中材料的消耗可分为必需消耗的材料和损失的材料两类性质。

必需消耗的材料,是指在合理用料的条件下,生产合格产品所需消耗的材料。它包括:直接用于建筑和安装工程的材料;不可避免的施工废料;不可避免的材料损耗。

必需消耗的材料属于施工正常消耗,是确定材料消耗定额的基本数据。其中:直接用于建筑和安装工程的材料,应编入材料净用量定额;不可避免的施工废料和材料损耗,应编入材料损耗定额。

2.根据材料消耗与工程实体的关系划分

根据材料消耗与工程实体的关系可分为实体材料和非实体材料两类。

(1)实体材料,是指直接构成工程实体的材料。它包括工程直接性材料和辅助材料。工程直接性材料主要是指一次性消耗、直接用于工程上构成建筑物或结构本体的材料,如钢筋混凝土柱中的钢筋、水泥、砂、碎石等;辅助性材料主要是指虽也是施工过程中所必需,却并不构成建筑物或结构本体的材料。如土石方爆破工程中所需的炸药、引信、雷管等。主要材料用量大,辅助材料用量少。

(2)非实体材料,是指在施工中必须使用但又不能构成工程实体的施工措施性材料。非实体材料主要是指周转性材料,如模板、脚手架等。

(二)确定材料消耗量的基本方法

(1)现场技术测定法。又称为观测法,是根据对材料消耗过程的测定与观察,通过完成产品数量和材料消耗量的计算,而确定各种材料消耗定额的一种方法。现场技术测定法主要适用于确定材料损耗量,因为该部分数值用统计法或其他方法较难得到。通过现场观察,还可以区别出哪些是可以避免的损耗,哪些是属于难于避免的损耗,明确定额中不应列入可以避免的损耗。

(2)实验室试验法。主要用于编制材料净用量定额。通过试验,能够对材料的结构、化学成分和物理性能以及按强度等级控制的混凝土、砂浆、沥青、油漆等配比做出科学的结论,给编制材料消耗定额提供出有技术根据的、比较精确的计算数据。但其缺点在于无法估计到施工现场某些因素对材料消耗量的影响。

(3)现场统计法。是以施工现场积累的分部分项工程使用材料数量、完成产品数量、完成工作原材料的剩余数量等统计资料为基础,经过整理分析,获得材料消耗的数据。这种方法由于不能分清材料消耗的性质,因而不能作为确定材料净用量定额和材料损耗定额的依据,只能作为编制定额的辅助性方法使用。

(4)理论计算法,是运用一定的数学公式计算材料消耗定额。

1)标准砖用量的计算。如每立方米砖墙的用砖数和砌筑砂浆的用量,可用下列理论计算

公式计算各自的净用量。

用砖数：

$$A = \frac{1}{墙厚 \times (砖长 + 灰缝) \times (砖厚 + 灰缝)} \times k \qquad (2-2-23)$$

式中　k——墙厚的砖数×2。

砂浆用量：

$$B = 1 - 砖数 \times 砖块体积 \qquad (2-2-24)$$

材料的损耗一般以损耗率表示，材料损耗率可以通过观察法或统计法确定。材料损耗率及材料损耗量的计算通常采用以下公式：

$$损耗率 = \frac{损耗量}{净用量} \times 100\% \qquad (2-2-25)$$

$$总损耗量 = 净用量 + 损耗量 = 净用量 \times (1 + 损耗率) \qquad (2-2-26)$$

2）块料面层的材料用量计算。每 100 m² 面层块料数量、灰缝及结合层材料用量公式如下：

$$100 \text{ m}^2 \text{ 块料净用量} = \frac{100}{(块料长 + 灰缝宽) \times (块料宽 + 灰缝宽)} (块) \qquad (2-2-27)$$

$$100 \text{ m}^2 \text{ 灰缝材料净用量} = [100 - (块料长 \times 块料宽 \times 100\text{m}^2 \text{ 块料用量})] \times 灰缝深 \qquad (2-2-28)$$

$$结合层材料用量 = 100 \times 结合层厚度 \qquad (2-2-29)$$

四、确定机械台班定额消耗量的基本方法

（一）确定机械 1 h 纯工作正常生产率

机械纯工作时间，就是指机械的必需消耗时间。机械 1 h 纯工作正常生产率，就是在正常施工组织条件下，具有必需的知识和技能的技术工人操纵机械 1 h 的生产率。

根据机械工作特点的不同，机械 1 h 纯工作正常生产率的确定方法也有所不同。

（1）对于循环动作机械，确定机械纯工作 1 h 正常生产率的计算公式如下：

$$机械一次循环的正常延续时间 = \sum \left(\begin{array}{c}循环各组成部分\\正常延续时间\end{array}\right) - 交叠时间 \qquad (2-2-30)$$

$$机械纯工作 1 \text{ h 循环次数} = \frac{60 \times 60(s)}{一次循环的正常延续时间} \qquad (2-2-31)$$

$$\begin{array}{c}机械 1 \text{ h}\\纯工作正常生产率\end{array} = \begin{array}{c}机械纯工作 1 \text{ h}\\正常循环次数\end{array} \times \begin{array}{c}一次循环生产\\的产品数量\end{array} \qquad (2-2-32)$$

（2）对于连续动作机械，确定机械纯工作 1 h 正常生产率要根据机械的类型和结构特征以及工作过程的特点来进行。计算公式如下：

$$连续动作机械 1 \text{ h 纯工作正常生产率} = \frac{工作时间内生产的产品数量}{工作时间(h)} \qquad (2-2-33)$$

工作时间内的产品数量和工作时间的消耗，要通过多次现场观察和机械说明书来取得数据。

（二）确定施工机械的正常利用系数

确定施工机械的正常利用系数，是指机械在工作班内对工作时间的利用率。机械的利用系数和机械在工作班内的工作状况有着密切的关系。所以，要确定机械的正常利用系数，首先

要拟定机械工作班的正常工作状况,保证合理利用工时。机械正常利用系数的计算公式如下:

$$机械正常利用系数 = \frac{机械在一个工作班内纯工作时间}{一个工作班延续时间(8\ h)} \quad (2\text{-}2\text{-}34)$$

(三)计算施工机械台班定额

计算施工机械定额是编制机械定额工作的最后一步。在确定了机械工作正常条件、机械 1 h 纯工作正常生产率和机械正常利用系数之后,采用下列公式计算施工机械的产量定额:

$$\frac{施工机械台班}{定量定额} = \frac{机械1\ h纯工作}{正常循环次数} \times \frac{工作班纯}{工作时间} \quad (2\text{-}2\text{-}35)$$

或

$$\frac{施工机械台班}{产量定额} = \frac{机械1\ h纯工作}{正常生产率} \times \frac{工作班}{延续时间} \times \frac{机械正常}{利用系数} \quad (2\text{-}2\text{-}36)$$

$$施工机械时间定额 = \frac{1}{机械台班产量定额指标} \quad (2\text{-}2\text{-}37)$$

第四节 建筑安装工程人工、材料及机械台班单价

一、人工单价的组成和确定方法

(一)人工单价及其组成内容

人工单价是指一个建筑安装生产工人一个工作日在计价时应计入的全部人工费用。它基本上反映了建筑安装生产工人的工资水平和一个工人在一个工作日中可以得到的报酬。

合理确定人工工日单价是正确计算人工费和工程造价的前提和基础。按照现行规定,生产工人的人工工日单价组成如下:

(1)基本工资。包括岗位工资、技能工资、工龄工资。

(2)工资性补贴。包括物价补贴、煤、燃气补贴、交通补贴、住房补贴、流动施工津贴、地区津贴。

(3)辅助工资。指非作业工日发放的工资和工资性补贴。

(4)职工福利费。包括书报费、洗理费、取暖费。

(5)劳动保护费。包括劳保用品购置及修理费、徒工服装补贴、防暑降温费、保健费用。

(二)人工单价确定的依据和方法

1. 基本工资

基本工资是按岗位工资、技能工资和工龄工资(按职工工作年限确定的工资)计算的。

岗位工资是根据劳动岗位的劳动责任轻重、劳动强度大小和劳动条件好差,兼顾劳动技能要求的高低确定的。工人岗位工资标准设 8 个岗次。技能工资是根据不同岗位、职位、职务对劳动技能的要求,同时兼顾职工所具备的劳动技能水平而确定的工资。技术工人技能工资分初级工、中级工、高级工、技师和高级技师五类工资标准分 26 档。

$$基本工资(G_1) = \frac{生产工人平均工资}{年平均每月法定工作日} \quad (2\text{-}2\text{-}38)$$

其中,年平均每月法定工作日=(全年日历日-法定假日)/12,法定假日指双休日和法定节日。

2. 工资性补贴

工资性补贴是指按规定标准发放的物价补贴,煤、燃气补贴,交通费补贴、住房补贴,流动施工津贴及地区津贴等。

$$工资性补贴(G_2)=\frac{\sum 年发放标准}{全年日历-法定假日}+\frac{\sum 月发放标准主}{年平均每月法定工作}+每工作日发放标准$$

$$(2\text{-}2\text{-}39)$$

3. 辅助工资

辅助工资是指生产工人年有效施工天数以外无效工作日的工资,包括职工学习、培训期间的工资,调动工作、探亲、休假期间的工资,因气候影响的停工工资,女工哺乳时间的工资,病假在 6 个月以内的工资及产、婚、丧假期的工资。

$$生产工人辅助工资(G_3)=\frac{全年无效工作日\times(G_1+G_2)}{全年日历日-法定假日} \qquad (2\text{-}2\text{-}40)$$

4. 职工福利费

职工福利费是指按规定标准计提的职工福利费。

$$职工福利费(G_4)=(G_1+G_2+G_3)\times 福利费计提比例(\%) \qquad (2\text{-}2\text{-}41)$$

5. 劳动保护费

劳动保护费是指按规定标准对生产工人发放的劳动保护用品等的购置费及修理费,徒工服装补贴,防暑降温费,在有碍身体健康环境中的施工保健费用等。

$$生产工人劳动保护费(G_5)=\frac{生产工人年平均支出劳动保护费}{全年日历日-法定假日} \qquad (2\text{-}2\text{-}42)$$

(三)影响人工单价的因素

影响建筑安装工人人工单价的因素见表 2-2-23。

表 2-2-23　影响建筑安装工人人工单价的因素

影响因素	内　　容
社会平均工资水平	建筑安装工人人工单价必然和社会平均工资水平趋同。社会平均工资水平取决于经济发展水平。由于经济的增长,社会平均工资也会增长,从而影响人工单价的提高
生活消费指数	生活消费指数的提高会影响人工单价的提高,以减少生活水平的下降,或维持原来的生活水平。生活消费指数的变动决定于物价的变动,尤其决定于生活消费品物价的变动
人工单价的组成内容	如住房消费、养老保险、医疗保险、失业保险等列入人工单价,会使人工单价提高
劳动力市场供需变化	劳动力市场如果需求大于供给,人工单价就会提高;供给大于需求,市场竞争激烈,人工单价就会下降
政府政策	政府推行的社会保障和福利政策也会影响人工单价的变动

二、材料单价的组成和确定方法

(一)材料单价的构成和分类

1. 材料单价的构成

材料单价是指材料(包括构件、成品及半成品等)从其来源地(或交货地点、供应者仓库提货地点)到达施工工地仓库(施工地点内存放材料的地点)后出库的综合平均单价。材料单价一般由材料原价(或供应价格)、材料运杂费、运输损耗费、采购及保管费组成。此外在计价时，材料费中还应包括单独列项计算的检验试验费。

$$材料费=\sum(材料消耗量\times材料单价)+检验试验费 \qquad (2\text{-}2\text{-}43)$$

2.材料单价分类

材料单价按适用范围划分，有地区材料单价和某项工程使用的材料单价。地区材料单价是按地区(城市或建设区域)编制，供该地区所有工程使用;某项工程(一般指大中型重点工程)使用的材料单价，是以一个工程为编制对象，专供该工程项目使用。

地区材料单价与某项工程使用的材料单价的编制原理和方法是一致的，只是在材料来源地、运输数量权数等具体数据上有所不同。

(二)材料单价的编制依据和确定方法

1.材料原价(或供应价格)

材料原价是指国内采购材料的出厂价格，国外采购材料抵达买方边境、港口或车站并交纳完各种手续费、税费后形成的价格。在确定原价时，凡同一种材料因来源地、交货地、供货单位、生产厂家不同，而有几种价格(原价)时，根据不同来源地供货数量比例，采取加权平均的方法确定其综合原价。计算公式如下:

$$加权平均原价=\frac{K_1C_1+K_2C_2+\cdots+K_nC_n}{K_1+K_2+\cdots+K_n} \qquad (2\text{-}2\text{-}44)$$

式中　$K_1,K_2,\cdots,K_n$——各不同供应地点的供应量或各不同使用地点的需要量;

　　　$C_1,C_2,\cdots,C_n$——各不同供应地点的原价。

2.材料运杂费

材料运杂费是指国内采购材料自来源地、国外采购材料自到岸港运至工地仓库或指定堆放地点发生的费用。含外埠中转运输过程中所发生的一切费用和过境过桥费用(包括调车和驳船费、装卸费、运输费及附加工作费等)。

同一品种的材料有若干个来源地，应采用加权平均的方法计算材料运杂费。计算公式如下:

$$加权平均运杂费=\frac{K_1T_1+K_2T_2+\cdots+K_nT_n}{K_1+K_2+\cdots+K_n} \qquad (2\text{-}2\text{-}45)$$

式中　$K_1,K_2,\cdots,K_n$——各不同供应点的供应量或各不同使用地点的需求量;

　　　$T_1,T_2,\cdots,T_n$——各不同运距的运费。

3.运输损耗

在材料的运输中应考虑一定的场外运输损耗费用。这是指材料在运输装卸过程中不可避免的损耗。运输损耗的计算公式如下:

$$运输损耗=(材料原价+运杂费)\times相应材料损耗率 \qquad (2\text{-}2\text{-}46)$$

4.采购及保管费

采购及保管费是指组织材料采购、检验、供应和保管过程中发生的费用,包含:采购费、仓储费、工地管理费和仓储损耗。

采购及保管费一般按照材料到库价格以费率取定。材料采购及保管费计算公式如下:

$$采购及保管费=材料运到工地仓库价格\times采购及保管费率(\%) \qquad (2\text{-}2\text{-}47)$$

或

$$采购及保管费＝(材料原价＋运杂费＋运输损耗费)×采购及保管费率(\%) \quad (2\text{-}2\text{-}48)$$

综上所述,材料单价的一般计算公式为:

$$材料单价＝\{(供应价格＋运杂费)×[1＋运输损耗率(\%)]\}×$$
$$[1＋采购及保管费率(\%)] \quad (2\text{-}2\text{-}49)$$

(三)影响材料单价变动的因素

影响材料单价变动的因素有以下几点:

(1)市场供需变化。材料原价是材料单价中最基本的组成,市场供大于求价格就会下降;反之,价格就会上升。从而也就会影响材料单价的涨落。

(2)材料生产成本的变动直接影响材料单价的波动。

(3)流通环节的多少和材料供应体制也会影响材料单价。

(4)运输距离和运输方法的改变会影响材料运输费用的增减,从而也会影响材料单价。

(5)国际市场行情会对进口材料单价产生影响。

三、施工机械台班单价的组成和确定方法

施工机械使用费是根据施工中耗用的机械台班数量和机械台班单价确定的。施工机械台班耗用量按有关定额规定计算;施工机械台班单价是指一台施工机械,在正常运转条件下一个工作班中所发生的全部费用,每台班按 8 小时工作制计算。正确制定施工机械台班单价是合理确定和控制工程造价的重要方面。

施工机械台班单价由七项费用组成,包括折旧费、大修理费、经常修理费、安拆费及场外运费、人工费、燃料动力费、其他费用等。

(一)折旧费的组成及确定

折旧费是指施工机械在规定使用期限内,陆续收回其原值及购置资金的时间价值。计算公式如下:

$$台班折旧费＝\frac{机械预算价格×(1－残值率)×时间价值系数}{耐用总台班} \quad (2\text{-}2\text{-}50)$$

1.机械预算价格

(1)国产机械预算价格按照机械原值、供销部门手续费和一次运杂费以及车辆购置税之和计算。

1)机械原值。国产机械原值应按下列途径询价、采集:

①编制期施工企业已购进施工机械的成交价格。

②编制期国内施工机械展销会发布的参考价格。

③编制期施工机械生产厂、经销商的销售价格。

2)供销部门手续费和一次运杂费可按机械原值的 5% 计算。

3)车辆购置税的计算。车辆购置税应按下列公式计算:

$$车辆购置税＝计税价格×车辆购置税率(\%) \quad (2\text{-}2\text{-}51)$$

其中,计税价格＝机械原值＋供销部门手续费和一次运杂费－增值税

车辆购置税应执行编制期间国家有关规定。

(2)进口机械的预算价格按照机械原值、关税、增值税、消费税、外贸手续费和国内运杂费、财务费、车辆购置税之和计算。

1)进口机械的机械原值按其到岸价格取定。

2)关税、增值税、消费税及财务费应执行编制期国家有关规定,并参照实际发生的费用计算。

3)外贸部门手续费和国内一次运杂费应按到岸价格的6.5%计算。

4)车辆购置税的计税价格是到岸价格、关税和消费税之和。

2.残值率

残值率是指机械报废时回收的残值占机械原值的百分比(运输机械2%,掘进机械5%,特大型机械3%,中小型机械4%)。

3.时间价值系数

时间价值系数指购置施工机械的资金在施工生产过程中随着时间的推移而产生的单位增值。其计算公式如下:

$$时间价值系数 = 1 + \frac{(折旧年限 + 1)}{2} \times 年折现率(\%) \qquad (2\text{-}2\text{-}52)$$

其中,年折现率应按编制期银行年贷款利率确定。

4.耐用总台班

耐用总台班指施工机械从开始投入使用至报废前使用的总台班数,应按施工机械的技术指标及寿命期等相关参数确定。

机械耐用总台班的计算公式为:

$$耐用总台班 = 折旧年限 \times 年工作台班 = 大修理间隔台班 \times 大修理周期 \qquad (2\text{-}2\text{-}53)$$

大修理次数的计算公式为:

$$大修理次数 = 耐用总台班 \div 大修理间隔台班 - 1 = 大修理周期 - 1 \qquad (2\text{-}2\text{-}54)$$

年工作台班是根据有关部门对各类主要机械最近3年的统计资料分析确定。

大修理间隔台班是指机械自投入使用起至第一次大修理止或自上一次大修理后投入使用起至下一次大修理止,应达到的使用台班数。

大修理周期是指机械正常的施工作业条件下,将其寿命期(即耐用总台班)按规定的大修理次数划分为若干个周期。其计算公式为:

$$大修理周期 = 寿命期大修理次数 + 1 \qquad (2\text{-}2\text{-}55)$$

(二)大修理费的组成及确定

大修理费是指机械设备按规定的大修理间隔台班进行必要的大修理,以恢复机械正常功能所需的费用。台班大修理费是机械使用期限内全部大修理费之和在台班费用中的分摊额,取决于一次大修理费用、大修理次数和耐用总台班的数量。其计算公式为:

$$台班大修理费 = \frac{一次大修理费 \times 寿命期内大修理次数}{耐用总台班} \qquad (2\text{-}2\text{-}56)$$

一次大修理费指施工机械一次大修理发生的工时费、配件费、辅料费、油燃料费及送修运杂费。

一次大修理费应以《全国统一施工机械保养修理技术经济定额》为基础,结合编制期市场价格综合确定。

寿命期大修理次数指施工机械在其寿命期(耐用总台班)内规定的大修理次数,应参照《全国统一施工机械保养修理技术经济定额》确定。

（三）经常修理费的组成及确定

经常修理费指施工机械除大修理以外的各级保养和临时故障排除所需的费用（包括为保障机械正常运转所需替换与随机配备工具附具的摊销和维护费用，机械运转及日常保养所需润滑与擦拭的材料费用及机械停滞期间的维护和保养费用等）。各项费用分摊到台班中，即为台班经常修理费。其计算公式为：

$$台班经常修理费=\frac{\sum（各级保养一次费用×寿命期各级保养总次数）+临时故障排除费+}{耐用总台班}$$

$$替换设备和工具附具台班摊销费+例保辅料费 \qquad (2-2-57)$$

当台班经常修理费计算公式中各项数值难以确定时，也可按下式计算：

$$台班经常修理费=台班大修理费×K \qquad (2-2-58)$$

式中 K——台班经常修理费系数。

各级保养一次费用指机械在各个使用周期内为保证机械处于完好状况，必须按规定的各级保养间隔周期、保养范围和内容进行的一、二、三级保养或定期保养所消耗的工时、配件、辅料、油燃料等费用。应以《全国统一施工机械保养修理技术经济定额》为基础，结合编制期市场价格综合确定。

寿命期各级保养总次数指一、二、三级保养或定期保养在寿命期内各个使用周期中保养次数之和，应按照《全国统一施工机械保养修理技术经济定额》确定。

临时故障排除费指机械除规定的大修理及各级保养以外，临时故障所需费用以及机械在工作日以外的保养维护所需润滑擦拭材料费，可按各级保养（不包括例保辅料费）费用之和的3%计算。

替换设备及工具附具台班摊销费指轮胎、电缆、蓄电池、运输皮带、钢丝绳、胶皮管、履带板等消耗性设备和按规定随机配备的全套工具附具的台班摊销费用。

例保辅料费指机械日常保养所需润滑擦拭材料的费用。

替换设备及工具附具台班摊销费、例保辅料费的计算应以《全国统一施工机械保养修理技术经济定额》为基础，结合编制期市场价格综合确定。

（四）安拆费及场外运费的组成和确定

安拆费指施工机械在现场进行安装与拆卸所需的人工、材料、机械和试运转费用以及机械辅助设施的折旧、搭设、拆除等费用；场外运费指施工机械整体或分体自停放地点运至施工现场或由一施工地点运至另一施工地点的运输、装卸、辅助材料及架线等费用。

安拆费及场外运费根据施工机械不同分为计入台班单价、单独计算和不计算三种类型。

（1）工地间移动较为频繁的小型机械及部分中型机械，其安拆费及场外运费应计入台班单价。台班安拆费及场外运费应按下列公式计算：

$$台班安拆费及场外运费=\frac{一次安拆费及场外运费×年平均安拆次数}{年工作台班} \qquad (2-2-59)$$

一次安拆费应包括施工现场机械安装和拆卸一次所需的人工费、材料费、机械费及试运转费。

一次场外运费应包括运输、装卸、辅助材料和架线等费用。

年平均安拆次数应以《全国统一施工机械保养修理技术经济定额》为基础，由各地区（部门）结合具体情况确定。运输距离均应按25 km计算。

（2）移动有一定难度的特大型（包括少数中型）机械，其安拆费及场外运费应单独计算。

单独计算的安拆费及场外运费除应计算安拆费、场外运费外,还应计算辅助设施(包括基础、底座、固定锚桩、行走轨道枕木等)的折旧、搭设和拆除等费用。

(3)不需安装、拆卸且自身又能开行的机械和固定在车间不需安装、拆卸及运输的机械,其安拆费及场外运费不计算。

(4)自升式塔式起重机安装、拆卸费用的超高起点及其增加费,各地区(部门)可根据具体情况确定。

(五)人工费的组成及确定

人工费指机上司机(司炉)和其他操作人员的工作日人工费及上述人员在施工机械规定的年工作台班以外的人工费。按下列公式计算:

$$台班人工费=人工消耗量\times\left(1+\frac{年制度工作日-年工作台班}{年工作台班}\right)\times人工日工资单价$$

$$(2\text{-}2\text{-}60)$$

人工消耗量指机上司机(司炉)和其他操作人员工日消耗量。

年制度工作日应执行编制期国家有关规定。

人工日工资单价应执行编制期工程造价管理部门的有关规定。

(六)燃料动力费的组成和确定

燃料动力费是指施工机械在运转作业中所耗用的固体燃料(煤、木柴)、液体燃料(汽油、柴油)及水、电等费用。计算公式如下:

$$台班燃料动力费=台班燃料动力消耗量\times相应单价 \qquad (2\text{-}2\text{-}61)$$

燃料动力消耗量应根据施工机械技术指标及实测资料综合确定。可采用下列公式:

$$台班燃料动力消耗量=(实测数\times4+定额平均值+调查平均值)\div6 \qquad (2\text{-}2\text{-}62)$$

燃料动力单价应执行编制期工程造价管理部门的有关规定。

(七)其他费用的组成和确定

其他费用是指按照国家和有关部门规定应交纳的养路费、车船使用税、保险费及年检费用等。其计算公式为:

$$台班其他费用=\frac{年养路费+年车船使用税+年保险费+年检费用}{年工作台班} \qquad (2\text{-}2\text{-}63)$$

年养路费、年车船使用税、年检费用应执行编制期有关部门的规定。

年保险费执行编制期有关部门强制性保险的规定,非强制性保险不应计算在内。

第五节　预算定额及其基价编制

一、预算定额的概念与用途

1.预算定额的概念

预算定额是在正常的施工条件下,完成一定计量单位合格分项工程和结构构件所需消耗的人工、材料、机械台班数量其相应费用标准。

2.预算定额的用途和作用

预算定额是工程建设中的一项重要的技术经济文件,是编制施工图预算的主要依据,是确定和控制工程造价的基础。其用途和作用见表2-2-24。

表 2-2-24　预算定额的用途和作用

用　途	作　用
预算定额是编制施工图预算、确定建筑安装工程造价的基础	施工图设计一经确定,工程预算造价就取决于预算定额水平和人工、材料及机械台班的价格。预算定额起着控制劳动消耗、材料消耗和机械台班使用的作用,进而起着控制建筑产品价格的作用
预算定额是编制施工组织设计的依据	施工组织设计的重要任务之一是确定施工中所需人力、物力的供求量,并做出最佳安排。施工单位在缺乏本企业的施工定额的情况下,根据预算定额,亦能够比较精确地计算出施工中各项资源的需要量,为有计划地组织材料采购和预制件加工、劳动力和施工机械的调配,提供了可靠的计算依据
预算定额是工程结算的依据	工程结算是建设单位和施工单位按照工程进度对已完成的分部分项工程实现货币支付的行为。按进度支付工程款,需要根据预算定额将已完分项工程的造价算出。单位工程验收后,再按竣工工程量、预算定额和施工合同规定进行结算,以保证建设单位建设资金的合理使用和施工单位的经济收入
预算定额是施工单位进行经济活动分析的依据	预算定额规定的物化劳动和劳动消耗指标,是施工单位在生产经营中允许消耗的最高标准。施工单位必须以预算定额作为评价企业工作的重要标准,作为努力实现的目标。施工单位可根据预算定额对施工中的劳动、材料、机械的消耗情况进行具体的分析,以便找出并克服低功效、高消耗的薄弱环节,提高竞争能力。只有在施工中尽量降低劳动消耗,采用新技术、提高劳动者素质,提高劳动生产率,才能取得较好的经济效益
预算定额是编制概算定额的基础	概算定额是在预算定额基础上综合扩大编制的。利用预算定额作为编制依据,不但可以节省编制工作的大量人力、物力和时间,收到事半功倍的效果,还可以使概算定额在水平上与预算定额保持一致,以免造成执行中的不一致
预算定额是合理编制招标控制价、投标报价的基础	在深化改革中,预算定额的指令性作用将日益削弱,而施工单位按照工程个别成本报价的指导性作用仍然存在,因此预算定额作为编制招标控制价的依据和施工企业报价的基础性作用仍将存在,这也是由于预算定额本身的科学性和指导性决定的

二、预算定额的编制原则、依据和步骤

1. 预算定额的编制原则

为保证预算定额的质量,充分发挥预算定额的作用,使实际使用简便,在编制工作中应遵循以下原则:

(1)按社会平均水平确定预算定额的原则。预算定额是确定和控制建筑安装工程造价的主要依据。因此,它必须遵照价值规律的客观要求,即按生产过程中所消耗的社会必要劳动时间确定定额水平。所以预算定额的平均水平,是在正常的施工条件下,合理的施工组织和工艺

条件、平均劳动熟练程度和劳动强度下,完成单位分项工程基本构造价要的劳动时间。

(2)简明适用的原则。

1)在编制预算定额时,对于那些主要的常用的、价值量大的项目,分项工程划分宜细;次要的、不常用的、价值量相对较小得项目则可以粗一些。

2)预算定额要项目齐全。要注意补充那些因采用新技术、新结构、新材料而出现的新的定额项目。如果项目不全,缺项多,就会使计价工作缺少充足的、可靠的依据。

3)要求合理确定预算定额的计算单位,简化工程量的计算,尽可能地避免同一种材料用不同的计量单位和一量多用,尽量减少定额附注和换算系数。

2.预算定额的编制依据

(1)现行劳动定额和施工定额。预算定额是在现行劳动定额和施工定额的基础上编制的。预算定额中人工、材料、机械台班消耗水平,需要根据劳动定额或施工定额取定;预算定额的计量单位的选择,也要以施工定额为参考,从而保证两者的协调和可比性,减轻预算定额的编制工作量,缩短编制时间。

(2)现行设计规范、施工及验收规范,质量评定标准和安全操作规程。

(3)具有代表性的典型工程施工图及有关标准图。对这些图纸进行仔细分析研究,并计算出工程数量,作为编制定额时选择施工方法确定定额含量的依据。

(4)新技术、新结构、新材料和先进的施工方法等。这类资料是调整定额水平和增加新的定额项目所必需的依据。

(5)有关科学实验、技术测定和统计、经验资料。这类资料是确定定额水平的重要依据。

(6)现行的预算定额、材料预算价格及有关文件规定等。包括过去定额编制过程中积累的基础资料,也是编制预算定额的依据和参考。

3.预算定额的编制步骤及要求

预算定额的编制,大致可以分为准备工作、收集资料、编制定额、报批和修改定稿五个阶段。各阶段工作相互有交叉,有些工作还有多次重复。

预算定额编制阶段的主要工作如下:

(1)确定编制细则。主要包括:统一编制表格及编制方法;统一计算口径、计量单位和小数点位数的要求;有关统一性规定,名称统一,用字统一,专业用语统一,符号代码统一,简化字要规范,文字要简练明确。

预算定额与施工定额计量单位往往不同。施工定额的计量单位一般按照工序或施工过程确定;而预算定额的计量单位主要是根据分部分项工程和结构构件的形体特征及其变化确定。由于工作内容综合,预算定额的计量单位亦具有综合的性质。工程量计算规则的规定应确切反映定额项目所包含的工作内容。预算定额的计量单位关系到预算工作的繁简和准确性。因此,要正确地确定各分部分项工程的计量单位。一般依据建筑结构构件形状的特点确定。

(2)确定定额的项目划分和工程量计算规则。计算工程数量,是为了通过计算出典型设计图纸所包括的施工过程的工程量,以便在编制预算定额时,有可能利用施工定额的人工、材料和机械台班消耗指标确定预算定额所含工序的消耗量。

(3)定额人工、材料、机械台班耗用量的计算、复核和测算。

三、预算定额消耗量的编制方法

确定预算定额人工、材料、机械台班消耗指标时,必须先按施工定额的分项逐项计算出消耗指标,然后按预算定额的项目加以综合。预算定额的项目综合不是简单地合并和相加,而需要在综合过程中增加两种定额之间的适当的水平差。预算定额的水平,首先取决于这些消耗量的合理确定。

人工、材料和机械台班消耗量指标,应根据定额编制原则和要求,采用理论与实际相结合、图纸计算与施工现场测算相结合、编制人员与现场工作人员相结合等方法进行计算和确定,使定额既符合政策要求,又与客观情况一致,便于贯彻执行。

1.预算定额中人工工日消耗量的计算

人工的工日数可以有两种确定方法:一种是以劳动定额为基础确定;另一种是以现场观察测定资料为基础计算,主要用于遇到劳动定额缺项时,采用现场工作日写实等测时方法测定和计算定额的人工耗用量。

预算定额中人工工日消耗量是指在正常施工条件下,生产单位合格产品所必需消耗的人工工日数量,是由分项工程所综合的各个工序劳动定额包括的基本用工、其他用工两部分组成的。

(1)基本用工。基本用工指完成一定计量单位的分项工程或结构构件的各项工作过程的施工任务所必需消耗的技术工种用工。按技术工种相应劳动定额工时定额计算,以不同工种列出定额工日。基本用工包括:

1)完成定额计量单位的主要用工。按综合取定的工程量和相应劳动定额进行计算。计算公式如下:

$$基本用工 = \sum(综合取定的工程量 \times 劳动定额) \qquad (2\text{-}2\text{-}64)$$

例如工程实际中的砖基础,有1砖厚、1砖半厚、2砖厚等之分,用工各不相同,在预算定额中由于不区分厚度,需要按照统计的比例,加权平均得出综合的人工消耗。

2)按劳动定额规定应增(减)计算的用工量。例如在砖墙项目中,分项工程的工作内容包括了附墙烟囱孔、垃圾道、壁橱等零星组合部分的内容,其人工消耗量相应增加附加人工消耗。由于预算定额是在施工定额子目的基础上综合扩大的,包括的工作内容较多,施工的工效视具体部位而不一样,所以需要另外增加人工消耗,而这种人工消耗也可以列入基本用工内。

(2)其他用工。其他用工是辅助基本用工消耗的工日,包括超运距用工、辅助用工和人工幅度差用工。

1)超运距用工。超运距是指劳动定额中已包括的材料、半成品场内水平搬运距离与预算定额所考虑的现场材料、半成品堆放地点到操作地点的水平运输距离之差。计算公式如下:

$$超运距 = 预算定额取定运距 - 劳动定额已包括的运距 \qquad (2\text{-}2\text{-}65)$$

$$超运距用工 = \sum(超运距材料数量 \times 时间定额) \qquad (2\text{-}2\text{-}66)$$

需要指出,实际工程现场运距超过预算定额取定运距时,可另行计算现场二次搬运费。

2)辅助用工。指技术工种劳动定额内不包括而在预算定额内又必须考虑的用工。例如机械土方工程配合用工、材料加工(筛砂、洗石、淋化石膏)、电焊点火用工等。计算公式如下:

$$辅助用工 = \sum(材料加工数量 \times 相应的加工劳动定额) \qquad (2\text{-}2\text{-}67)$$

3)人工幅度差用工。即预算定额与劳动定额的差额,主要是指在劳动定额中未包括而在正常施工情况下不可避免但又很难准确计量的用工和各种工时损失。

其内容包括以下几点:

①各工种间的工序搭接及交叉作业相互配合或影响所发生的停歇用工。

②施工机械在单位工程之间转移及临时水电线路移动所造成的停工。

③质量检查和隐蔽工程验收工作的影响。

④班组操作地点转移用工。

⑤工序交接时对前一工序不可避免的修整用工。

⑥施工中不可避免的其他零星用工。

人工幅度差计算公式如下：

$$人工幅度差用工＝（基本用工＋辅助用工＋超运距用工）×人工幅度差系数 \quad (2\text{-}2\text{-}68)$$

人工幅度差系数一般为 10%～15%。在预算定额中，人工幅度差的用工量列入其他用工量中。

2.预算定额中材料消耗量的计算

材料消耗量计算方法主要有：

(1)凡有标准规格的材料,按规范要求计算定额计量单位的耗用量。

(2)凡设计图纸标注尺寸及下料要求的按设计图纸尺寸计算材料净用量。

(3)换算法。各种胶结、涂料等材料的配合比用料,可以根据要求条件换算,得出材料用量。

(4)测定法。包括实验室试验法和现场观察法。指各种强度等级的混凝土及砌筑砂浆配合比的耗用原材料数量的计算,须按照规范要求试配,经过试压合格以后并经过必要的调整后得出的水泥、砂子、石子、水的用量。对新材料、新结构又不能用其他方法计算定额消耗用量时,须用现场测定方法来确定,根据不同条件可以采用写实记录法和观察法,得出定额的消耗量。

材料损耗量,指在正常条件下不可避免的材料损耗,如现场内材料运输及施工操作过程中的损耗等。其关系式如下：

$$材料损耗率＝损耗量/净用量×100\% \quad (2\text{-}2\text{-}69)$$

$$材料损耗量＝材料净用量×损耗率（\%） \quad (2\text{-}2\text{-}70)$$

$$材料消耗量＝材料净用量＋损耗量 \quad (2\text{-}2\text{-}71)$$

或

$$材料消耗量＝材料净用量×[1＋损耗率（\%）] \quad (2\text{-}2\text{-}72)$$

3.预算定额中机械台班消耗量的计算

预算定额中的机械台班消耗量是指在正常施工条件下,生产单位合格产品(分部分项工程或结构构件)必须消耗的某种型号施工机械的台班数量。

根据施工定额确定机械台班消耗量的计算。这种方法是指用施工定额中机械台班产量加机械幅度差计算预算定额的机械台班消耗量。

机械台班幅度差是指在施工定额中所规定的范围内没有包括,而在实际施工中又不可避免产生的影响机械或使机械停歇的时间。

其内容包括以下几点：

1)施工机械转移工作面及配套机械相互影响损失的时间。

2)在正常施工条件下,机械在施工中不可避免的工序间歇。

3)工程开工或收尾时工作量不饱满所损失的时间。

4)检查工程质量影响机械操作的时间。

5)临时停机、停电影响机械操作的时间。

6)机械维修引起的停歇时间。

大型机械幅度差系数为：土方机械 25%，打桩机械 33%，吊装机械 30%。砂浆、混凝土搅拌机由于按小组配用，以小组产量计算机械台班产量，不另增加机械幅度差。其他分部工程中如钢筋加工、木材、水磨石等各项专用机械的幅度差为 10%。

综上所述，预算定额的机械台班消耗量按下式计算：

$$预算定额机械耗用台班＝施工定额机械耗用台班×（1＋机械幅度差系数） \qquad (2\text{-}2\text{-}73)$$

四、预算定额基价编制

预算定额基价就是预算定额分项工程或结构构件的单价，包括人工费、材料费和机械台班使用费，也称工料单价或直接工程费单价。

预算定额基价一般通过编制单位估价表、地区单位估价表及设备安装价目表所确定的单价，用于编制施工图预算。在预算定额中列出的"预算价值"或"基价"，应视作该定额编制时的工程单价。

预算定额基价的编制方法，简单说就是工、料、机的消耗量和工、料、机单价的结合过程。其中，人工费是由预算定额中每一分项工程用工数，乘以地区人工工日单价计算算出；材料费是由预算定额中每一分项工程的各种材料消耗量，乘以地区相应材料预算价格之和算出；机械费是由预算定额中每一分项工程的各种机械台班消耗量，乘以地区相应施工机械台班预算价格之和算出。

分项工程预算定额基价的计算公式：

$$分项工程预算定额基价＝人工费＋材料费＋机械使用费 \qquad (2\text{-}2\text{-}74)$$

$$人工费＝\sum（现行预算定额中人工工日用量×人工日工资单价） \qquad (2\text{-}2\text{-}75)$$

$$材料费＝\sum（现行预算定额中各种材料耗用量×相应材料单价） \qquad (2\text{-}2\text{-}76)$$

$$机械使用费＝\sum（现行预算定额中机械台班用量×机械台班单价） \qquad (2\text{-}2\text{-}77)$$

预算定额基价是根据现行定额和当地的价格水平编制的，具有相对的稳定性。但是为了适应市场价格的变动，在编制预算时，必须根据工程造价管理部门发布的调价文件对固定的工程预算单价进行修正。修正后的工程单价乘以根据图纸计算出来的工程量，就可以获得符合实际市场情况的工程的直接工程费。

第三部分　综合计算实例

综合实例一

　　某电气照明工程如图 3-1-1、图 3-1-2 所示,该工程是一栋三层三个单元的居民砖混住宅楼。图 3-1-1 是电气照明系统图,图 3-1-2 是一单元两层电气照明平面图,其他各单元各层均与此相同,每个开间均为 3 m。

　　1. 工程说明

　　(1)电源线架空引入,采用三相四线制电源供电,进户线沿二层地板穿管暗敷设。进户点距室外地面高度 H 大于等于 3.6 m,进户线要求重复接地,接地电阻 R 小于等于 10 Ω。进户横担为两端埋设式,规格是∟50×5×800。

　　(2)本工程共有 9 个配电箱,分别在每单元的每层设置。MX1 为总配电箱兼一单元第二层的分配电箱,设在一单元第二层,规格为 800 mm×400 mm×125 mm(长×高×厚)。MX2 为二、三单元第二层的分配电箱,规格为 500 mm×400 mm×125 mm(长×高×厚)。MX3 为三个单元第一、三层的分配电箱,规格为 350 mm×400 mm×125 mm(长×高×厚)。

　　(3)安装高度:配电箱底距楼地面 1.4 m,跷板开关距地面 1.3 m、距门框 0.2 m,插座距地面 1.8 m。

　　(4)导线未标注者均为 BLX—500V—2.5 mm² 暗敷 GGDN15。

　　(5)配电箱均购成品成套箱。

　　(6)建筑物层高 3.6 m。

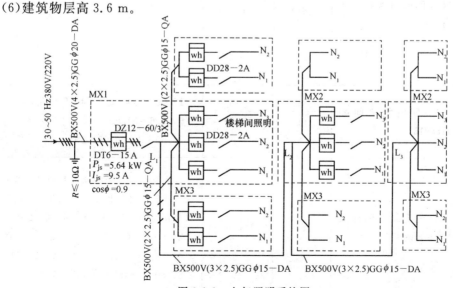

图 3-1-1　电气照明系统图

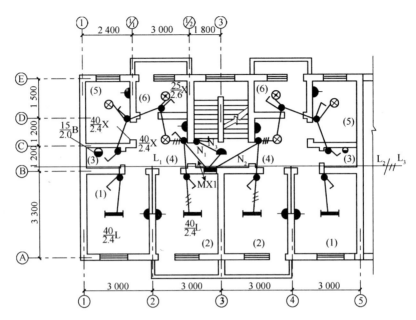

图 3-1-2 一单元两层电气照明平面图(单位:mm)

2.工程量计算

(1)工程量计算见表 3-1-1,工程量汇总见表 3-1-2。

表 3-1-1 工程量计算表

工程名称:某住宅楼电气照明

序号	项目名称	单位	数量	计算公式
1	进户横担安装(两端埋设)	m	1.00	角钢 50×5:1.00
2	进户线配管 GDN20	m	6.40	5(水平)+1.4(竖向)=6.40
3	进户导线 BX 4×2.5 mm²	m	36.40	[6.4+(1.5+0.8+0.4)(预留)]×4=36.40
4	成套配电箱安装 2 m 以内	台	1.0	—
5	成套配电箱安装 1 m 以内	台	8.0	—
6	二层配电箱之间配管 GDN15	m	51.20	12×2+1.4×2+1.4×2=29.60 6×3.6=21.60 29.60+21.60=51.20
7	二层配电箱之间配线 BX 2.5 mm²	m	147.00	12×3+12×2+(0.8+0.4)×3(预留)+(0.5+0.3)×2(预留)+(0.5+0.4)×2×2(预留)+1.4×2×3+1.4×2×2=82.80 21.6×2+(0.35+0.4)×2×6+(0.5+0.4)×2×4+(0.8+0.4)×2×2=64.20 82.80 + 64.20 = 147.00

续上表

序号	项目名称	单位	数量	计算公式
8	一个单元走廊配管 GDN15	m	46.20	15.90＋30.30＝46.20
	①沿天棚顶以平面比例计算			[2(配电箱至右边用户)＋1.5(配电箱至左边用户)＋0.8(配电箱至走廊)＋1(灯至右开关)]×3＝15.90
	②沿墙以建筑物层高计算			[3.6(层高)－1.4(箱底高度)－0.4(箱高)]×3×3＋3.6×2＋(3.6－1.3)×3＝30.30
9	一个单元走廊配线 BX2.5 mm²	m	105.60	[(15.9＋30.3)＋(0.35＋0.4)×4＋(0.8＋0.4)×3]×2＝105.60
10	一个用户内的配管 GDN15	m	37.65	15.05＋22.60＝37.65
	①沿天棚顶以平面图比例计算			0.24(总线向1号房开关引线)＋0.24(1号房插座至2号房插座)＋(0.12＋3.3/2)(总线向1号2号插座引线)＋1.6(1号房开关至灯)＋1.6(2号房开关至灯)＋0.5(3号房开关至灯)＋1.4(4号房开关至2号房开关)＋1(4号房开关至灯)＋1(4号房灯至6号房开关)＋0.5(4号房开关至插座)＋0.9(5号房开关至灯)＋1.2(5号房开关至3号房开关)＋1.3(5号房开关至插座)＋0.7(6号房开关至灯)＋1.1(6号房开关至5号房开关)＝15.05
	②沿墙以建筑物层高计算			[3.6－1.3(开关安装高度)]×6(开关数量)＋[3.6－1.8(插座安装高度)]×4(插座数量)＋3.6－2(壁灯安装高度)＝22.60
11	一个用户内穿线 BLX 2.5 mm²	m	76.00	34.1(1个用户内配管总长)×2(穿线根数)＋2.6×3(穿3根线管长)＝76.00
12	半圆球吸顶灯(楼梯处)	套	9.0	1×3×3＝9
13	软线吊灯	套	36.0	2×18＝36
14	防水灯	套	18.0	1×18＝18
15	一般壁灯	套	18.0	1×18＝18
16	吊链式单管荧光灯	套	36.0	2×18＝36
17	跷板开关	套	117.0	6×18＋1×3×3＝117

序号	项目名称	单位	数量	计算公式
18	单相三孔插座	套	72.0	$4 \times 18 = 72$
19	接线盒	个	117.0	$6 \times 18 + 3 \times 3 = 117$
20	灯头盒(吸顶灯)	个	27.0	$1 \times 18 + 9 = 27$
21	开关盒	个	117.0	$6 \times 18 + 1 \times 3 \times 3 = 117$
22	插座盒	个	72.0	$4 \times 18 = 72$

表 3-1-2   工程量汇总表

序号	定额编号	项目名称	单位	数量	计算公式
1	2-802	进户横担安装(两端埋设)	根	1.0	—
2	2-266	成套配电箱安装 2 m 以内	台	1.0	—
3	2-264	成套配电箱安装 1 m 以内	台	8.0	—
4	2-1009	进户线配置 GDN20 暗敷	100 m	0.064	$6.4/100 = 0.064$
5	2-1008	配管 GDN15 暗敷	100 m	8.675	$(51.20 + 46.2 \times 3 + 37.65 \times 18)/100 = 8.675$
6	2-1172	导线 BX2.5 mm²	100 m	5.002	$(36.4 + 147.00 + 105.6 \times 3)/100 = 5.002$
7	2-1169	导线 BLX2.5 mm²	100 m	13.68	$(76.00 \times 18)/100 = 13.68$
8	2-1384	半圆球吸顶灯	10 套	0.9	$9/10 = 0.9$
9	2-1389	软线吊灯	10 套	3.6	$36/10 = 3.6$
10	2-1391	防水灯	10 套	1.8	$18/10 = 1.8$
11	2-1393	一般壁灯	10 套	1.8	$18/10 = 1.8$
12	2-1588	吊链式单管荧光灯	10 套	3.6	$36/10 = 3.6$
13	2-1637	跷板开关	10 套	11.7	$117/10 = 11.7$
14	2-1670	单相三孔插座	10 套	7.2	$72/10 = 7.2$
15	2-1377	接线盒	10 个	11.7	$117/10 = 11.7$
16	2-1377	灯头盒	10 个	2.7	$27/10 = 2.7$
17	2-1378	开关盒	10 个	11.7	$117/10 = 11.7$
18	2-1378	插座盒	10 个	7.2	$72/10 = 7.2$

（2）主材价格见表 3-1-3,工程预算见表 3-1-4,工程取费见表 3-1-5。

表 3-1-3　主材价格表

项目文件:某住宅楼室内照明工程

序号	名称及规格	单位	数量	预算价	合计(元)
1	接线盒	个	119.34	2.50	298.35
2	灯头盒	个	27.54	2.50	68.85
3	开关盒	个	119.34	2.50	298.35
4	插座盒	个	73.44	2.50	183.60
5	2 孔加 3 孔单相暗插座	套	73.44	3.67	269.52
6	半圆球吸顶	套	9.09	25.00	227.25
7	壁灯	套	18.18	15.30	278.15
8	跷板暗开关	只	119.34	2.50	298.35
9	吊链式单管荧光灯	套	36.36	28.22	1 026.08
10	防水吊灯	套	18.18	6.50	118.17
11	焊接钢管 DN15	m	869.84	4.83	4 201.33
12	焊接钢管 DN20	m	6.59	6.10	40.20
13	BLV 绝缘导线 2.5 mm^2	m	1 626.55	0.28	455.43
14	BV 绝缘导线 2.5 mm^2	m	581.51	0.59	343.09
15	软线吊灯	套	36.36	2.50	90.90
16	成套配电箱(半圆长 2.5 m 以内)	台	1.00	800.00	800.00
17	成套配电箱(半圆长 1.0 m 以内)	台	8.00	360.00	2 880.00
18	镀锌角钢∟50×5 横担(含绝缘子及防水弯头)	根	1.00	90.00	90.00
合计					11 967.62

表 3-1-4　工程预算表

工程名称：某住宅楼内照明工程

序号	定额编号	工程项目名称	工程量		定额直接费（元）		其中 人工费（元）		未计价材料费				
			单位	工程量	基价	合价	基价	合价	材料名称	单位	材料数量	单价（元）	合价（元）
1	2-264	成套配电箱安装 悬挂嵌入式（半周长1.0 m）	台	8.000	101.28	810.24	37.80	302.40	成套配电箱（半周长1.0 m以内）	台	8.00	360.00	2 880.00
2	2-266	成套配电箱安装 悬挂嵌入式（半周长2.5 m）	台	1.000	146.97	146.97	58.80	58.80	成套配电箱（半周长2.5 m以内）	台	1.00	800.00	800.00
3	2-802	进户线横担安装 两端埋设式四线	根	1.000	49.51	49.51	7.77	7.77	镀锌角钢 L50×5横担	根	1.00	90.00	90.00
4	2-849	送配电装置系统调试 1 kV以下交流供电（综合）	系统	1.000	589.69	589.69	210.00	210.00					
5	2-1008	砖、混凝土结构暗配钢管 公称口径（15 mm以内）	100 m	8.675	336.61	2 920.09	141.75	1 229.68	焊接钢管DN15	m	869.84	4.83	4 201.33
6	2-1009	砖、混凝土结构暗配钢管 公称口径（20 mm以内）	100 m	0.064	367.68	23.53	151.20	9.68	焊接钢管DN20	m	6.59	6.10	40.20
7	2-1169	管内穿线 照明线路导线 截面（2.5 mm²以内）铝芯	100 m单线	13.68	46.15	631.33	21.00	287.28	BLX绝缘导线 2.5 mm²	m	1 626.55	0.28	455.43
8	2-1172	管内穿线 照明线路导线 截面（2.5 mm²以内）铜芯	100 m单线	5.002	54.12	270.71	21.00	105.04	BX绝缘导线 2.5 mm²	m	581.51	0.59	343.09
9	2-1377	暗装接线盒安装	10个	11.700	29.94	350.30	9.45	110.57	接线盒	个	119.34	2.50	298.35

续上表

序号	定额编号	工程项目名称	工程量		定额直接费（元）		其中 人工费（元）		未计价材料费				
			单位	工程量	基价	合价	基价	合价	材料名称	单位	材料数量	单价（元）	合价（元）
10	2-1377	暗装灯头盒安装	10个	2.700	29.94	80.84	9.45	25.52	灯头盒	个	27.54	2.50	68.85
11	2-1378	暗装开关盒安装	10个	11.700	25.24	295.31	10.08	117.94	开关盒	个	119.34	2.50	298.35
12	2-1378	暗装插座盒安装	10个	7.200	25.24	181.73	10.08	72.58	插座盒	个	73.44	2.50	183.60
13	2-1384	半圆球吸顶灯	10套	0.900	204.41	183.97	45.36	40.82	半圆球吸顶	套	9.09	25.00	227.25
14	2-1389	软线吊灯	10套	3.600	66.97	241.09	19.74	71.06	软线吊灯	套	36.36	2.50	90.90
15	2-1391	防水吊灯	10套	1.800	59.28	106.70	19.74	35.53	防水吊灯	套	18.18	6.50	118.17
16	2-1393	一般壁灯	10套	1.800	190.07	342.13	42.42	76.36	壁灯	套	18.18	15.30	278.15
17	2-1588	成套型荧光灯具安装 吊链式单管	10套	3.600	141.69	510.08	45.57	164.05	吊链式单管荧光灯	套	36.36	28.22	1 026.08
18	2-1637	板式暗开关（单控）单联	10套	11.700	37.12	434.30	17.85	208.85	跷板暗开关	只	119.34	2.50	298.35
19	2-1670	单相暗插座15A 2孔加3孔	10套	7.200	49.17	354.02	23.10	166.32	2孔加3孔单相暗插座	套	73.44	3.67	269.52
20		脚手架搭拆费	元	1.000	163.58	163.58	32.75	32.75					
		合计	元			8 686.12		3 333.00					1 1967.62

表 3-1-5　工程取费表

工程名称:某住宅楼室内电气照明工程

序号	费用名称	取费基数	费率(%)	金额(元)
1	综合计价合计	Σ(分项工程量×分项子目综合基价)		8 686.12
2	计价中人工费合计	Σ(分项工程量×分项子目综合基价中人工费)		3 333.00
3	未计价材料费用	主材费合计		11 967.62
4	施工措施费	5＋6		
5	施工技术措施费	其费用包含在 1 中		
6	施工组织措施费			
7	安全文明施工增加费	(人工费合计)×7％	7.00	233.31
8	差价	9 ＋ 10 ＋ 11		
9	人工费差价	不调整		
10	材料差价	不调整		
11	机械差价	不调整		
12	专项费用	13 ＋ 14		1 133.22
13	社会保险费	2 ×33％	33.00	1 099.89
14	工程定额测定费	2 ×1％	1.00	33.33
15	工程成本	1 ＋ 3 ＋ 4 ＋ 8 ＋ 12		21 786.96
16	利润	2 ×38％	38.00	1 266.54
17	其他项目费	其他项目费		
18	税金	15 ＋ 16 ＋ 17 ×3.413％	3.413	786.82
19	工程造价	15 ＋ 16 ＋ 17 ＋ 18		23 840.32
含税工程造价:贰万叁仟捌佰肆拾元叁角贰分				23 840.32

综合实例二

某学院实验楼排风工程施工图如图 3-2-1～图 3-2-5 所示(高程单位为 m，其余单位为 mm)，实验楼共有 P_1～P_4 4 个排风柜排风系统。4 个排风系统完全相同，故本施工图只绘制 P1 系统。

1.工程说明

(1)排风管采用厚度为 4 mm 硬聚氯乙烯塑料板制成，在每个排风柜与风管连接处，安装 250 塑料蝶阀一个，在通风机进口处安装 600 塑料瓣式启动阀一个。

(2)通风机采用 4—72 型离心式塑料通风机。

(3)安装排风管支干管，要求平正垂直，绝不漏风。风管安装需与土建密切配合，做好楼板及墙上预留洞口。

(4)管道吊支架设置：竖向管道，每层设置一个支架，支架的材料采用扁钢和角钢，固定在砖墙上，水平管道采用吊架，吊架采用圆钢和扁钢，1～3 层各设置 2 个，4 层设置 4 个，机房处设置 2 个，吊架固定在楼板。支架的大小和做法要根据施工现场管道的具体情况和质量确定。吊支架安装后刷防锈漆一道，银粉漆二道。

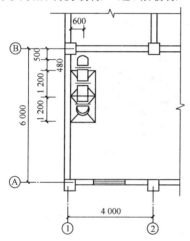

图 3-2-1 一～三层平面图

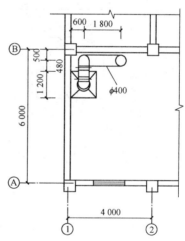

图 3-2-2 四层平面图

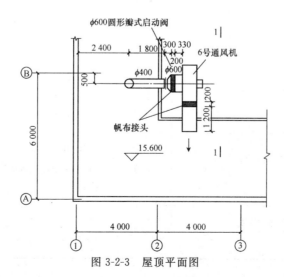

图 3-2-3 屋顶平面图

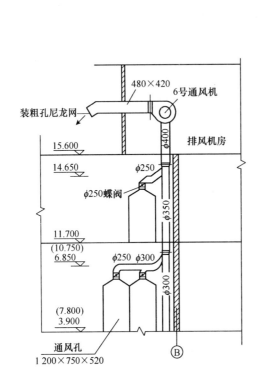

图 3-2-4 1-1 剖面图   图 3-2-5 系统图

2.工程量计算

工程量计算见表 3-2-1,主材价格见表 3-2-2,工程预算见表 3-2-3,工程取费见表 3-2-4。

表 3-2-1 工程量计算表

序号	项目名称	单位	数量	计算公式
1	排风柜安装(1 200 mm× 750 mm×2 520 mm)	台	28.00	7×4(4个系统)= 28
2	塑料圆形风管制作安装(φ250×4)	m²	21.29	[(1.2×3)(1~3层)+(0.6+0.48)(4层)+ (0.3×7)剖面图]×0.25×3.14×4(4个系统)=21.29
3	塑料圆形风管制作安装(φ300×4)	m²	26.90	[(0.6+0.48)×3(1~3层)+(6.85- 2.95)(系统图)]×0.30×3.14×4(4个系统)= 26.90
4	塑料圆形风管制作安装(φ350×4)	m²	34.29	(14.65-6.85)(系统图)×0.35×3.14×4 (4个系统)=34.29

续上表

序号	项目名称	单位	数量	计算公式
5	塑料圆形风管制作安装（φ400×4）	m²	28.13	$[(15.35-14.65)+(16.65-15.35)$（系统图）$+1.8$（4层）$+1.8$（屋顶）$]×0.40×3.14×4$（4个系统）$=28.13$
6	塑料圆形风管制作安装[φ(400~600)×4]	m²	1.88	0.3（屋顶）$×0.50×3.14×4$（4个系统）$=1.88$
7	塑料矩形风管制作安装（480 mm×420 mm×4）	m²	8.64	1.2（屋顶）$×(0.48+0.42)×2×4$（4个系统）$=8.64$
8	帆布连接管	m²	2.95	$[0.2×0.6×3.14$（圆形）$+0.2×(0.48+0.42)×2$（矩形）$]×4$（4个系统）$=2.95$
9	塑料圆形瓣式启动阀（φ600）	个	4.00	$1×4$（4个系统）$=4$
10	塑料圆形蝶阀（φ250）	kg	65.80	$(2×3+1)(1~4层)×4$（4个系统）$×2.35=65.80$
11	离心式塑料通风机安装（6号）	台	4.00	$1×4$（4个系统）$=4$ 台
12	粗尼龙网安装	m²	0.81	$0.48×0.42×4$（4个系统）$=0.81$
13	吊托支架制作安装	kg	160.00	$(2×3+4+2+4)×4$（4个系统）$=64$ $64×2.5=160$
14	吊托支架人工除轻锈	kg	160.00	同上
15	吊托支架刷防锈漆一遍	kg	160.00	同上
16	吊托支架刷银粉漆两遍	kg	160.00	同上

表 3-2-2　主材料价格表

工程名称：某学院实验楼通风工程

序号	名称及规格	单位	数量	预算价	合计（元）
1	硬聚氯乙烯板 δ=4 mm	m²	184.83	8.90	1 644.99
2		m²	55.90	8.90	497.51
3	离心式通风机	台	4.00	500.00	2 000.00
4	排风柜 1 200 mm×750 mm×2 520 mm	台	28.00	920.00	25 760.00
5	酚醛防锈漆	kg	1.47	11.40	16.76
6	酚醛清漆	kg	0.77	9.24	7.11
7	圆形瓣式启动阀	个	4.00	130.00	520.00
8	粗尼龙网	10 m²	0.81	56.00	45.36
合计					30 491.73

表 3-2-3 工程预算表

工程名称：某住宅楼内照明工程

序号	定额编号	工程项目名称	工程量		定额直接费（元）		其中人工费（元）		未计价材料费					
			单位	工程量	基价	合价	基价	合价	材料名称	单位	材料数量	单价（元）	合价（元）
1	9-41	帆布软管接口	m²	2.950	179.81	530.44	43.26	127.62					
2	9-68	圆形瓣式启动阀（φ600mm）	个	4.000	48.49	193.96	21.42	85.68	圆形瓣式启动阀	个	4.00	130.00	520.00
3	9-217	离心式通风机安装（6号）	台	4.000	162.6	650.40	70.98	283.92	离心式通风机	台	4.00	500.00	2 000.00
4	9-238	排风柜安装落地式质量（1.0 t 以内）	台	28.000	572.66	16 034.48	285.60	7 996.80	排风柜 1 200 mm×750 mm×2 520 mm	台	28.00	920.00	25 760.00
5	9-270	吊托支架	100 kg	1.600	1 055.39	1 688.62	165.90	265.44					
6	9-292	塑料圆形风管直径×壁厚（mm）（φ250×4）	10 m²	2.129	1 462.56	3 113.79	484.05	1 030.54	硬聚氯乙烯板 δ=4 mm	m²	24.70	8.90	219.83
7	9-292	塑料圆形风管直径×壁厚（mm）（φ300×4）	10 m²	2.690	1 462.56	3 934.29	484.05	1 302.10	硬聚氯乙烯板 δ=4 mm	m²	31.20	8.90	277.68
8	9-292	塑料圆形风管直径×壁厚（mm）（φ350×4）	10 m²	3.429	1 462.56	5 015.12	484.05	1 659.81	硬聚氯乙烯板 δ=4 mm	m²	39.78	8.90	354.04
9	9-292	塑料圆形风管直径×壁厚（mm）（φ400×4）	10 m²	2.813	1 462.56	4 114.18	484.05	1 361.63	硬聚氯乙烯板 δ=4 mm	m²	32.63	8.90	290.41
10	9-292	塑料圆形风管直径×壁厚（mm）[φ(400~600)×4]	10 m²	0.188	1 462.56	274.96	484.05	91.00	硬聚氯乙烯板 δ=4 mm	m²	2.18	8.90	19.40

续上表

序号	定额编号	工程项目名称	工程量		定额直接费（元）		其中 人工费（元）		未计价材料费				
			单位	工程量	基价	合价	基价	合价	材料名称	单位	材料数量	单价（元）	合价（元）
11	9-296	塑料矩形风管周长×壁厚(mm)(480×420×4)	m²	8.640	1 654.16	14 291.94	555.66	4 800.90	硬聚氯乙烯板 δ=4 mm	m²	100.22	8.90	891.96
									粗尼龙网	10 m²	0.81	56.00	45.36
12	9-296	塑料矩形风管周长×壁厚(mm)(480×420×4)	10 m²	0.864	1 654.16	1 429.19	555.66	480.09	硬聚氯乙烯板 δ=4 mm	m²	10.02	8.90	89.18
13	9-311	蝶阀 T354-1 圆形	100 kg	0.658	4 400.71	2 895.67	1 127.70	742.03					
14	11-7	手工除锈 吊托支架 轻锈	100 kg	1.600	22.25	35.60	7.14	11.42					
15	11-119	吊托支架防锈漆第一遍	100 kg	1.600	17.02	27.23	4.83	7.73	酚醛防锈漆	kg	1.47	11.40	16.76
16	11-122	吊托支架银粉漆第一遍	100 kg	1.600	19.49	31.18	4.62	7.39	酚醛清漆	kg	0.40	9.24	3.70
17	11-123	吊托支架银粉漆第二遍	100 kg	1.600	18.8	30.08	4.62	7.39	酚醛清漆	kg	0.37	9.24	3.42
18		系统调整费	元	1.000	1408.32	1 408.32	281.95	281.95					
19		脚手架搭拆费	元	1.000	325.01	325.01	65.07	65.07					
		合计	元			56 024.46		20 608.51					30 491.74

表 3-2-4 工程取费表

工程名称:某学院实验楼通风工程　　　　　工程类别:三类

序号	费用名称	取费基数	费率(%)	金额(元)
1	综合计价合计	∑(分项工程量×分项子目综合基价)		56 024.46
2	计价中人工费合计	∑(分项工程量×分项子目综合基价中人工费)		20 608.51
3	未计价材料费用	主材费合计		30 491.74
4	施工措施费	5+6		
5	施工技术措施费	其费用包含在1中		
6	施工组织措施费			
7	安全文明施工增加费	(人工费合计)×7%	7.00	1 442.60
8	差价	9＋10＋11		
9	人工费差价	不调整		
10	材料差价	不调整		
11	机械差价	不调整		
12	专项费用	13＋14		7 006.90
13	社会保险费	2×33%	33.00	6 800.81
14	工程定额测定费	2×1%	1.00	206.09
15	工程成本	1＋3＋4＋8＋12		93 523.10
16	利润	2×38%	38.00	7 831.23
17	其他项目费	其他项目费		
18	税金	15＋16＋17×3.413%	3.413	3 459.22
19	工程造价	15＋16＋17＋18		104 813.55
含税工程造价:壹拾万肆仟捌佰壹拾叁元伍角伍分				104 813.55

综合实例三

某单位宿舍楼给排水工程施工图如图 3-3-1～图 3-3-4 所示(高程单位为 m,其余单位为 mm)。该宿舍楼共 4 层,层高为3.3 m,墙厚均为 240 mm,每层设男、女卫生间各 1 间,盥洗室 1 间。

1.工程说明

(1)给水管道全部采用镀锌钢管螺纹连接;排水管道采用排水铸铁管水泥接口。

(2)该工程设置两个排水系统,A 系统排出洗涤污水,B 系统排出粪便污水,第一个排水检查井距建筑物外墙皮 2.5 m。

(3)埋地给水管刷防锈漆两道,地上给水管刷银粉漆两道;埋地排水管刷热沥青两道,地上排水管刷一道带锈底漆后,再刷两道银粉漆;管道支架采用∟50×5 等边角钢,需人工除轻锈,并刷防锈漆两道及银粉漆两道。

(4)除 DN50 阀门采用 Z45T—10 法兰闸阀外,其余阀门均为螺纹阀门 Z15 T—10。

(5)除了污水池水龙头为 DN20 以外,其余水龙头均为 DN15。

(6)该工程采用瓷高水箱蹲便器,每个厕所均设污水池一个,污水池、盥洗槽见土建设计(略)。

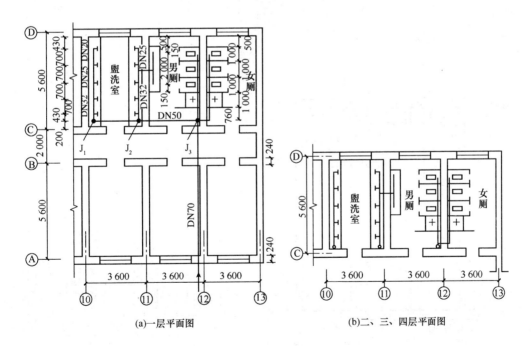

(a)一层平面图　　(b)二、三、四层平面图

图 3-3-1　给水平面图

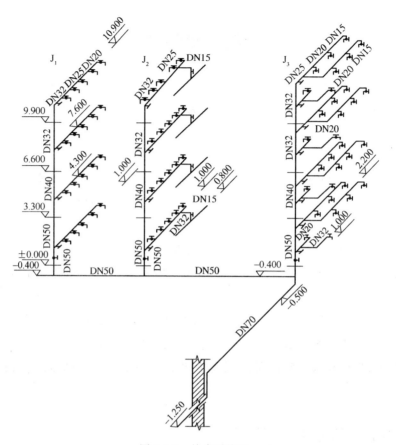

图 3-3-2 给水系统图

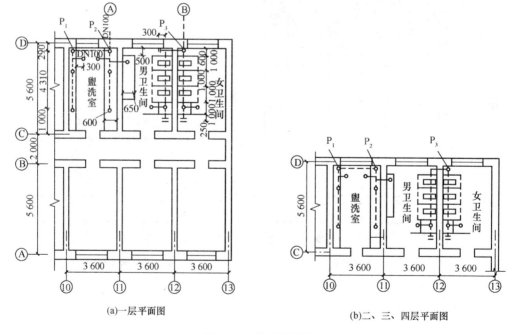

(a)一层平面图

(b)二、三、四层平面图

图 3-3-3 排水平面图

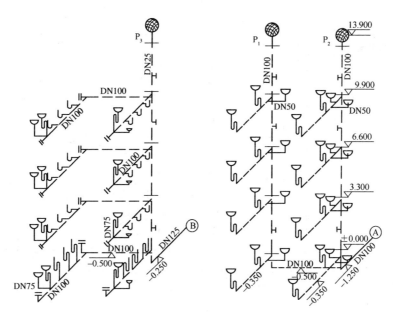

图 3-3-4　排水系统图

2.工程量计算

(1)工程量计算时有关数据如下：

1)墙厚 240 mm。

2)墙单面抹灰厚 20 mm。

3)给水管道中心距墙皮 60 mm。

4)排水管道中心距墙皮 150 mm。

埋地管道土方考虑与土建配合施工,在该安装预算中不考虑。本例中未考虑管道过墙及过楼板的套管。

(2)工程量计算见表 3-3-1,主材价格见表 3-3-2,工程预算见表 3-3-3,工程取费见表 3-3-4。

表 3-3-1　工程量计算表

工程名称:某宿舍楼给排水工程

序号	项目名称	单位	数量	计算公式
一、给水系统				
1	镀锌钢管 DN70(地下)	m	10.29	1.5(距外墙皮)+0.14(半墙厚)+(1.25-0.4)+7.6+0.14+0.06(立管距墙)=10.29
2	镀锌钢管 DN50(地下)	m	8.00	水平干管:3.6×2-0.28(墙厚)-0.06×2(立管距墙)=6.80 立管:0.4×3=1.20
3	镀锌钢管 DN50(地上)	m	10.80	立管1:3.3+1.0=4.30 立管2:3.3+1.0=4.30 立管3:2.20
4	镀锌钢管 DN40	m	9.90	立管1:3.30 立管2:3.30 立管3:3.30

续上表

序号	项目名称	单位	数量	计算公式
5	镀锌钢管 DN32	m	27.84	立管1：3.3(立管)+(0.43+0.7)(支管)×4=7.82 立管2：3.3(立管)+(0.43+0.7×3)(支管)×4=13.42 立管3：3.3×2=6.60
6	镀锌钢管 DN25	m	17.44	立管1：0.7×2×4=5.60 立管2：0.7×4=2.80 立管3：(0.76+1.0+0.5)×4=9.04
7	镀锌钢管 DN20	m	33.12	立管1：0.7×4=2.80 立管2：[1.0+(0.06+0.28+0.06)+0.76+1.0+1.5]×4=18.64 立管3：[0.76+0.5+(0.06+0.28+0.06)+0.76+0.5]×4=11.68
8	镀锌钢管 DN15	m	10.40	立管2：(0.06+0.28+0.06+0.2)×4=2.40 立管3：1.0×2×4=8.00
9	DN50 法兰闸阀 Z45T—10	个	3.00	立管1～3：3
10	DN32 螺纹阀门 Z15T—10	个	8.00	立管1～2：4×2=8
11	DN25 螺纹阀门 Z15T—10	个	4.00	立管3：4
12	DN20 螺纹阀门 Z15T—10	个	4.00	立管3：4
13	DN15 螺纹阀门 Z15T—10	个	4.00	4(小便槽冲洗管上)
14	水龙头 DN20	个	8.00	2×4=8(污水池上)
15	水龙头 DN15	个	40.00	5×4×2=40(盥洗槽上)
16	小便槽冲洗管 DN15	m	8.00	2×4=8.00
17	管道冲洗 DN70	m	10.29	同镀锌钢管 DN70(地下)
18	管道冲洗 DN50 以下	m	117.50	8.0+10.8+9.9+27.84+17.44+33.12+10.4=117.50
19	管道支架(DN32 以上)	kg	6.79	6(每层一个)×0.3(支架长度)×3.77(理论质量)=6.79
20	管道刷防锈漆两遍(地下)	m²	3.95	$S=\pi DL=3.14\times(0.0755\times10.29+0.06\times8.0)=3.95$
21	管道刷银粉漆两遍(地上)	m²	12.53	$S=\pi DL=3.14\times(0.06\times10.8+0.048\times9.9+0.04225\times27.84+0.0335\times17.44+0.02675\times33.12+0.02125\times10.4)=12.53$
22	支架刷防锈漆一遍	kg	6.79	同序号 19
23	支架刷银粉漆二遍	kg	6.79	

续上表

序号	项目名称	单位	数量	计算公式
二、排水系统				
A 系统				
24	铸铁承插排水管 DN100(地下)	m	7.70	2.5(出户管)+0.28(墙厚)+0.15(距墙)+(3.6−0.28−0.15×2)(水平)+1.25(P1)+0.5(P2)=7.70
25	铸铁承插排水管 DN100(地上)	m	27.80	13.9×2=27.80
P_1				
26	铸铁承插排水管 DN75(地下)	m	5.01	4.31+0.35+0.35=5.01
27	铸铁承插排水管 DN75(地上)	m	15.03	(4.31+0.35+0.35)×3=15.03
28	铸铁承插排水管 DN50(地下)	m	1.10	0.45+0.3+0.35=1.10
29	铸铁承插排水管 DN50(地上)	m	3.30	(0.45+0.3+0.35)×3=3.30
30	排水栓带存水弯 DN75	个	8.00	8
31	地漏 DN50	个	4.00	4
P_2				
32	铸铁承插排水管 DN75(地下)	m	5.01	4.31+0.35+0.35=5.01
33	铸铁承插排水管 DN75(地上)	m	15.03	(4.31+0.35+0.35)×3=15.03
34	铸铁承插排水管 DN50(地下)	m	2.205	0.45+0.3+0.35+0.15+0.28+0.325+0.35=2.205
35	铸铁承插排水管 DN50(地上)	m	6.62	(0.45+0.3+0.35+0.15+0.28+0.325+0.35)×3=6.62
36	排水栓带存水弯 DN75	个	8.00	8
37	地漏 DN50	个	8.00	4+4=8
P_3				
38	铸铁承插排水管 DN125(地下)	m	4.18	2.5+0.28+0.15+1.25=4.18
39	铸铁承插排水管 DN125(地上)	m	13.90	13.90

序号	项目名称	单位	数量	计算公式
40	铸铁承插排水管 DN100(地下)	m	1.38	0.15＋0.28＋0.15＋0.3＋0.5(扫除口)＝1.38
41	铸铁承插排水管 DN100(地上)	m	2.64	(0.15＋0.28＋0.15＋0.3)×3＝2.64
42	铸铁承插排水管 DN100(地下)	m	13.50	[4.70＋0.5×2＋0.35×3(大便器横支管)]×2＝13.50
43	铸铁承插排水管 DN100(地上)	m	34.50	(4.70＋0.35×3)×2×3＝34.50
44	铸铁承插排水管 DN75(地下)	m	4.00	0.5×4(垂直)＋1.0×2(水平)＝4.00
45	铸铁承插排水管 DN75(地上)	m	12.00	(0.5×4＋1.0×2)×3＝12.00
46	排水栓带存水弯 DN75	个	8.00	2×4＝8
47	地漏 DN75	个	8.00	2×4＝8
48	蹲式大便器	个	24.00	3×2×4＝24(带高水箱)
49	地面清扫口 DN100	个	3.00	3
50	楼层清通口(油灰堵头)DN100	个	9.00	3×3＝9
51	地下排水管道刷热沥青两道	m²	16.83	$S=1.2\pi DL=1.2\times3.14\times(0.14\times4.18+0.114\times21.38+0.088\,5\times14.07+0.06\times3.31)=16.83$
52	地上排水管道刷带锈底漆一道	m²	51.24	$S=1.2\pi DL=1.2\times3.14\times(0.14\times13.9+0.114\times64.34+0.088\,5\times42.06+0.06\times9.92)=51.24$
53	地上排水管道刷银粉漆两道	m²	51.24	

表 3-3-2　主材价格表

项目名称:某宿舍楼给排水工程

序号	名称及规格	单位	数量	预算价	合计(元)
1	型钢∟50×5	kg	7.21	3.10	22.35
2	承插铸铁排水管 DN50	m	11.55	35.67	411.99
3	承插铸铁排水管 DN75	m	49.55	51.74	2 563.72
4	承插铸铁排水管 DN100	m	76.29	67.34	5 137.37
5	承插铸铁排水管 DN125	m	17.36	94.00	1 631.84
6	螺纹阀门 DN15	个	4.04	9.00	36.36
7	螺纹阀门 DN20	个	4.04	10.00	40.40
8	螺纹阀门 DN25	个	4.04	15.00	60.60
9	螺纹阀门 DN32	个	8.08	24.00	193.92
10	法兰阀门 DN50	个	3.00	120.00	360.00
11	镀锌钢管 DN15	m	10.61	7.50	79.58
12	镀锌钢管 DN20	m	33.78	10.50	354.69
13	镀锌钢管 DN25	m	17.79	13.00	231.27
14	镀锌钢管 DN32	m	31.25	20.00	625.00
15	镀锌钢管 DN40	m	10.10	27.00	272.70
16	镀锌钢管 DN50	m	19.18	30.00	575.40
17	镀锌钢管 DN70	m	10.50	49.00	514.50
18	瓷蹲式大便器	个	24.24	90.00	2 181.60
19	铜水嘴 DN15	个	40.40	3.68	148.67
20	铜水嘴 DN25	个	8.08	6.16	49.77
21	排水栓带链堵	套	24.00	4.49	107.76
22	地漏 DN50	个	12.00	26.30	315.60
23	地漏 DN75	个	8.00	40.40	323.20
24	地面扫除口 DN100	个	12.00	25.10	301.20
25	酚醛防锈漆	kg	1.02	10.41	10.62
26	酚醛清漆	kg	4.54	8.40	38.14
27	带锈底漆	kg	3.87	12.30	47.60
合计					16 635.85

工程名称：某宿舍楼给排水工程

表 3-3-3　工程预算表

定额编号	工程项目名称	工程量		定额直接费（元）		其中 人工费		未计价材料费				
		单位	工程量	基价	合价	基价	合价	材料名称	单位	数量	单价（元）	合价（元）
一、给排水工程												
（一）管道安装												
8-87	室内镀锌钢管（螺纹连接）DN15	10 m	1.040	93.99	97.75	38.43	39.97	镀锌钢管 DN15	m	10.61	7.50	79.56
8-88	室内镀锌钢管（螺纹连接）DN20	10 m	3.312	94.36	312.52	38.43	127.28	镀锌钢管 DN20	m	33.78	10.50	354.72
8-89	室内镀锌钢管（螺纹连接）DN25	10 m	1.744	115.96	202.22	46.20	80.57	镀锌钢管 DN25	m	17.79	13.00	231.25
8-90	室内镀锌钢管（螺纹连接）DN32	10 m	2.784	118.68	330.41	46.20	128.62	镀锌钢管 DN32	m	31.25	20.00	625.06
8-91	室内镀锌钢管（螺纹连接）DN40	10 m	0.990	135.05	133.70	55.02	54.47	镀锌钢管 DN40	m	10.10	27.00	272.65
8-92	室内镀锌钢管（螺纹连接）DN50	10 m	1.880	148.98	280.08	56.28	105.81	镀锌钢管 DN50	m	19.18	30.00	575.28
8-94	室内镀锌钢管（螺纹连接）DN70	10 m	1.029	174.69	179.76	60.90	62.67	镀锌钢管 DN70	m	10.50	49.00	514.29
8-144	室内承插铸铁排水管（水泥接口）DN50	10 m	1.323	168.89	223.44	47.04	62.23	承插铸铁排水管 DN50	m	11.55	35.67	411.83

续上表

定额编号	工程项目名称	工程量		定额直接费（元）		其中 人工费（元）		未计价材料费				
		单位	工程量	基价	合价	基价	合价	材料名称	单位	数量	单价（元）	合价（元）
8-145	室内承插铸铁排水管（水泥接口）DN75	10 m	5.608	255.21	1 431.22	56.28	315.62	承插铸铁排水管DN75	m	49.55	51.74	2 563.74
8-146	室内承插铸铁排水管（水泥接口）DN100	10 m	8.752	378.83	3 315.52	72.66	635.92	承插铸铁排水管DN100	m	76.29	67.34	5 137.42
8-147	室内承插铸铁排水管（水泥接口）DN125	10 m	1.808	353.54	639.20	77.07	139.34	承插铸铁排水管DN125	m	17.36	94.00	1 631.54
8-178	管道支架制作安装—般管架	100 kg	0.068	847.39	57.63	212.94	14.48	型钢L 50×5	kg	7.21	3.10	22.35
8-230	管道消毒、冲洗 DN50以内	100 m	1.175	34.45	40.48	10.92	12.83					
8-231	管道消毒、冲洗 DN100以内	100 m	0.103	48.76	5.02	14.28	1.47					
	分部小计				7 248.95		1 781.28					
（二）阀门安装												
8-241	螺纹阀 DN15	个	4	6.8	27.20	2.10	8.40	螺纹阀门DN15	个	4.04	9.00	36.36
8-242	螺纹阀 DN20	个	4	8.2	32.80	2.10	8.40	螺纹阀门DN20	个	4.04	10.00	40.40
8-243	螺纹阀 DN25	个	4	9.57	38.28	2.52	10.08	螺纹阀门DN25	个	4.04	15.00	60.60
8-244	螺纹阀 DN32	个	8	12.22	97.76	3.15	25.20	螺纹阀门DN32	个	8.08	24.00	193.92
8-258	焊接法兰阀 DN50	个	3	75.97	227.91	10.29	30.87	法兰阀门DN50	个	3.00	120.00	360.00
	分部小计				423.95		82.95					

续上表

定额编号	工程项目名称	工程量 单位	工程量	定额直接费(元) 基价	合价	其中 人工费(元) 基价	合价	材料名称	未计价材料费 单位	数量	单价(元)	合价(元)
(三)卫生器具制作安装												
8-407	蹲式大便器安装瓷高水箱	10套	2.400	1 018.48	2 444.35	202.86	486.86	瓷蹲式大便器	个	24.24	90.00	2 181.60
8-438	水龙头安装 DN15	10个	4	12.71	50.84	5.88	23.52	铜水嘴 DN15	个	40.40	3.68	148.67
8-440	水龙头安装 DN25	10个	0.800	16.48	13.18	7.77	6.22	铜水嘴 DN25	个	8.08	6.16	49.77
8-443	排水栓安装带存水弯 DN50	10组	2.400	156.45	375.48	39.90	95.76	排水栓带链堵	套	24.00	4.49	107.76
8-447	地漏安装 DN50	10个	1.200	77.81	93.38	33.60	40.32	地漏 DN50	个	12.00	26.30	315.60
8-448	地漏安装 DN75	10个	0.800	172.21	137.77	78.33	62.66	地漏 DN75	个	8.00	40.40	323.20
8-453	地面扫除口安装 DN100	10个	1.200	41.79	50.15	20.37	24.44	地面扫除口 DN100	个	12.00	25.10	301.20
8-456	小便槽冲洗管制作、安装 DN15以内	10 m	0.800	337.4	269.92	136.29	109.03					
	分部小计				3 435.07		848.81					
二、刷油、防腐蚀工程												
(一)除锈工程												
11-7	手工除锈角钢支架轻锈	100 kg	0.068	22.25	1.51	7.14	0.49					
	分部小计				1.51		0.49					
(二)刷油工程												
11-53	给水管道刷油防锈漆第一遍	10 m²	0.395	12.44	4.91	5.67	2.24	酚醛防锈漆	kg	0.52	10.41	5.39
11-54	给水管道刷油防锈漆第二遍	10 m²	0.395	12.33	4.87	5.67	2.24	酚醛防锈漆	kg	0.44	10.41	4.61

续上表

定额编号	工程项目名称	工程量		定额直接费（元）		其中 人工费（元）		未计价材料费				
		单位	工程量	基价	合价	基价	合价	材料名称	单位	数量	单价（元）	合价（元）
11-56	给水管道刷油银粉漆第一遍	10 m²	1.253	16.28	20.40	5.88	7.37	酚醛清漆	kg	0.46	8.40	3.90
11-57	给水管道刷油银粉漆第二遍	10 m²	1.253	15.44	19.35	5.67	7.10	酚醛清漆	kg	0.43	8.40	3.58
11-119	角钢支架刷油防锈漆第一遍	100 kg	0.068	17.02	1.16	4.83	0.33	酚醛防锈漆	kg	0.06	10.41	0.65
11-122	角钢支架刷油银粉漆第一遍	100 kg	0.068	19.49	1.33	4.62	0.31	酚醛清漆	kg	0.02	8.40	0.14
11-123	角钢支架刷油银粉漆第二遍	100 kg	0.068	18.8	1.28	4.62	0.31	酚醛清漆	kg	0.02	8.40	0.13
11-199	排水铸铁管油带锈底漆一遍	10 m²	5.124	15.1	77.37	6.93	35.51	带锈底漆	kg	3.87	12.30	47.64
11-200	排水铸铁管刷油银粉漆第一遍	10 m²	5.124	19.32	99.00	7.14	36.59	酚醛清漆	kg	1.89	8.40	15.91
11-201	排水铸铁管刷油银粉漆第二遍	10 m²	5.124	18.3	93.77	6.93	35.51	酚醛清漆	kg	1.73	8.40	14.50
11-206	排水铸铁管油热沥青第一遍	10 m²	1.683	101.97	171.62	22.89	38.52					
11-207	排水铸铁管油热沥青第二遍	10 m²	1.683	47.19	79.42	10.92	18.38					
	分部小计				574.48		184.41					
	脚手架搭拆费	元	1.000	168.38	168.38	33.71	33.71					
	合计	元			11 852.34		2 931.65					16 635.22

表 3-3-4 工程取费表

项目名称:某宿舍楼给排水工程

序号	费用名称	取费基数	费率(%)	金额(元)
1	综合计价合计	∑(分项工程量×分项子目综合基价)		11 852.34
2	计价中人工费合计	∑(分项工程量×分项子目综合基价中人工费)		2 931.65
3	未计价材料费用	主材费合计		16 635.22
4	施工措施费	5+6		
5	施工技术措施费	其费用包含在1中		
6	施工组织措施费			
7	安全文明施工增加费	(人工费合计)×7%	7.00	205.22
8	差价	9 + 10 + 11		
9	人工费差价	不调整		
10	材料差价	不调整		
11	机械差价	不调整		
12	专项费用	13 + 14		996.76
13	社会保险费	2 ×33%	33.00	967.44
14	工程定额测定费	2 ×1%	1.00	29.32
15	工程成本	1+ 3 + 4 + 8 + 12		29 484.32
16	利润	2 ×38%	38.00	1 114.03
17	其他项目费	其他项目费		
18	税金	15 + 16 + 17×3.413%	3.413	1 044.32
19	工程造价	15 + 16 +17 + 18		31 642.67
含税工程造价:叁万壹仟陆佰肆拾贰元陆角柒分				31 642.67

综合实例四

某集团有一砖混结构办公楼,一共三层,层高 3 m,其采暖工程施工图如图 3-4-1~图 3-4-4 所示(高程单位为 m,其余单位为 mm)。

1. 工程说明

(1)该办公楼室内采暖管道均采用普通焊接钢管。

1)管径大于 DN32 时,采用焊接连接(管道与阀门连接采用螺纹连接)。

2)管径小于或等于 DN32 时,采用螺纹连接。

3)室内供热管道均先除锈后刷一遍防锈漆、两遍银粉漆(室内采暖管道均不考虑保温措施)。

(2)在办公楼供暖系统中,1~8 号立管管径为 DN20,所有支管管径均为 DN15(其余管径见图中标注)。

(3)散热器采用铸铁四柱 813 型,散热器在外墙内侧居中安装,一层散热器为挂装,2、3 层散热器立于地上。散热器除锈后均刷一遍防锈漆、两遍银粉漆。

(4)集气罐采用 2 号($D=150$ mm),为成品安装,其放气管(管径为 DN15)接至室外散水处。

(5)阀门:入口处采用螺纹闸阀 Z15 T—16;放气管阀门采用螺纹旋塞阀 X11T—16;其余采用螺纹截止阀 J11T—16。

(6)管道采用角钢支架∟50×5,支架除锈后,均刷一遍防锈漆、两遍银粉漆。

(7)穿墙及穿楼板套管选用镀锌铁皮套管,规格比所穿管道大两个等级。

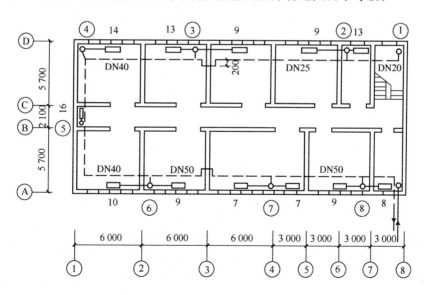

图 3-4-1　一层采暖平面图

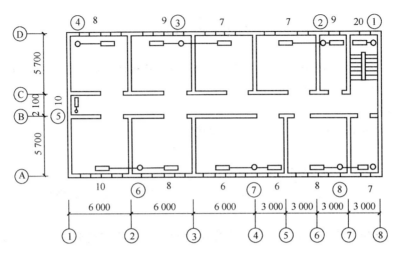

图 3-4-2　二层采暖平面图

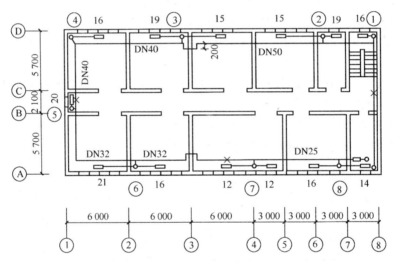

图 3-4-3　三层采暖平面图

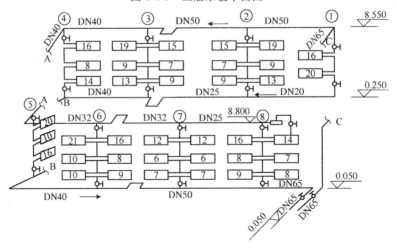

图 3-4-4　采暖系统图

2.工程量计算

(1)由平面图与系统图可知该供暖系统是上供下回单管垂直串联同程式系统。

1)引入管在一层的Ⓐ轴与⑧轴交叉处,穿Ⓐ轴墙入室内接总立管(DN65)。

2)总立管接供水干管在标高为 8.55 m 处绕外墙一周,管径由大变小依次有 DN65、DN50、DN40、DN32、DN25,供水干管末端设有管径为 150 mm 的 2 号集气罐。

3)①、②、③、④号立管分别设在Ⓓ轴线上的⑧、⑥、③、①轴处,⑤号立管设在①轴线上Ⓑ轴处,⑥、⑦、⑧号立管分别设在Ⓐ轴上②、④、⑦轴线处。

4)回水干管设在一层,回水干管始端标高为 0.25 m,管径依次为 DN20、DN25、DN40、DN50、DN65。沿Ⓐ轴和Ⓓ轴的供回水干管中部均设有方形伸缩器。四柱 813 型铸铁散热器的规格为:柱高(含足高 75 mm)813 mm,进出口中心距 642 mm,每小片厚 57 mm。

(2)计算结果。

根据施工图样,按分项依次计算工程量。建筑物墙厚(含抹灰层)取定 280 mm,管道中心到墙表面的安装距离取定 65 mm,散热器进出口中心距为 642 mm,穿墙及楼板的管道采用比管道直径大两个等级的镀锌铁皮套管。

散热器表面除锈刷油工程量根据其型号按散热面积计算,管道除锈刷油按其展开面积计算。

工程量计算见表 3-4-1,主材价格见表 3-4-2,工程预算见表 3-4-3,工程取费见表 3-4-4。

表 3-4-1 工程量计算表

项目文件:某办公楼采暖工程

序号	项目名称	单位	数量	计算公式
一、采暖管道				
1	焊接钢管安装(螺纹连接 DN15)	m	163.33	
(1)	散热器支管	m	154.37	①号立管上支管:2×2×[1.5−0.14(半墙厚)−0.065(立管中心距墙)]−0.057(每小片厚)×36(总片数)=3.128 ②号立管上支管:3×2×(1.5+3)−0.057(每小片厚)×72(总片数)=22.896 ③号立管上支管:3×2×(3+3)−0.057(每小片厚)×72(总片数)=31.896 ④号立管上支管:3×2×[3−0.14(半墙厚)−0.065(立管中心距墙)]−0.057(每小片厚)×38(总片数)=14.604 ⑤号立管上支管:3×2×[1.05−0.14(半墙厚)−0.065(立管中心距墙)]−0.057(每小片厚)×46(总片数)=2.448 ⑥号立管上支管:3×2×(3+3)−0.057(每小片厚)×74(总片数)=31.782 ⑦号立管上支管:3×2×(1.5+3)−0.057(每小片厚)×50(总片数)=24.150 ⑧号立管上支管:3×2×(1.5+3)−0.057(每小片厚)×62(总片数)=23.466

序号	项目名称	单位	数量	计算公式
(2)	放气管	m	8.96	0.28(墙厚)＋0.065×2(立管中心距墙)＋8.55(排至室外散水处)＝8.96
2	焊接钢管(螺纹连接、DN20)	m	57.224	—
(1)	①供水立管	m	7.016	(8.55－0.25)(立管上下端标高差)－0.642(散热器进出口中心距)×2＝7.016
(2)	②～⑧供水立管	m	44.618	[(8.55－0.25)(立管上下端标高差)－0.642(散热器进出口中心距)×3]×7(立管数量)＝44.618
(3)	回水干管	m	5.59	6.0(沿①轴)－0.28(两个半墙厚)－0.065×2(立管中心距墙)＝5.59
3	焊接钢管(螺纹连接、DN25)	m	22.45	—
(1)	3层④轴供水干管	m	9.64	按在⑦号立管处变径考虑:3.0＋3.0＋3.0＋0.14(半墙厚)＋0.5(集气罐安装长度)＝9.64
(2)	1层①轴回水干管	m	12.81	②、③号立管之间:6.0＋3.0＋3.0＋0.28(两个半墙厚)＋0.065×2(立管中心距墙)＋0.2×2(伸缩器侧增长)＝12.81
4	焊接钢管(螺纹连接、DN32)	m	23.895	—
(1)	沿Ⓐ轴供水干管	m	18.195	6.0×3－0.14(半墙厚)－0.065(管中心距墙)＋0.2×2(伸缩器侧增长)＝18.195
(2)	沿①轴供水干管	m	5.70	5.70
5	焊接钢管(焊接、DN40)	m	49.66	—
(1)	沿①轴供水干管	m	7.39	5.7＋2.1－0.28(两个半墙厚)－0.065×2(立管中心距墙)＝7.39
(2)	沿Ⓓ轴供水干管	m	11.59	6.0＋6.0－0.28(两个半墙厚)－0.065×2(立管中心距墙)＝11.59
(3)	回水干管	m	30.68	6.0×2(沿Ⓓ轴)－0.28(两个半墙厚)－0.065×2(立管中心距墙)＋13.5(沿①轴)－0.28(两个半墙厚)－0.065×2(立管中心距墙)＋6.0(沿Ⓐ轴)＝30.68

续上表

序号	项目名称	单位	数量	计算公式
6	焊接钢管（焊接、DN50）	m	39.39	—
(1)	沿Ⓓ轴供水干管		18.40	6.0＋6.0＋6.0＋0.2×2（伸缩器侧增长）＝18.40
(2)	回水干管	m	20.99	6.0×3＋3.0（沿Ⓐ轴）－0.28（两个半墙厚）－0.065×2（立管中心距墙）＋0.2×2（伸缩器侧增长）＝20.99
7	焊接钢管（焊接、DN65）	m	28.28	—
(1)	管道引入管	m	1.845	1.5（室内外供暖管道分界点至外墙皮）＋0.28（墙厚）＋0.065（立管中心距墙）＝1.845
(2)	供暖总立管	m	8.50	8.55－0.05＝8.50（总立管上下端高差）
(3)	沿⑧轴总干管	m	13.09	13.5－0.28（墙厚）－0.065×2（立管中心距墙）＝13.09
(4)	回水干管、排出管	m	4.845	3.0＋0.065（立管中心距墙）＋0.28（墙厚）＋1.5（墙外皮至室内外分界点）＝4.845
二、散热器				
	四柱813型散热器安装	片	450	1层124片,2层115片,3层211片。其中挂装124片(1层),立于地上326片,共450片
三、阀门				
1	闸阀安装 Z15T—1.0,DN65	个	2	2(出入口处)
2	截止阀安装 J11T—1.6,DN20	个	16	2(立管上下端)×8(立管数)＝16
3	旋塞阀安装 X11T—1.6,DN15	个	1	1(集气罐放气阀)
四、套管制作				
(1)	镀锌铁皮套管制作 DN25	个	24	4(散热器支管DN15穿墙)×3×2＝24
(2)	镀锌铁皮套管制作 DN32	个	16	8(立管DN20穿楼板)×2＝16

序号	项目名称	单位	数量	计算公式
(3)	镀锌铁皮套管制作 DN32	个	1	1(回水干管 DN20 穿墙)
(4)	镀锌铁皮套管制作 DN40	个	5	5(供回水干管 DN25 穿墙)
(5)	镀锌铁皮套管制作 DN50	个	3	3(供回水干管 DN32 穿墙)
(6)	镀锌铁皮套管制作 DN65	个	6	6(供回水干管 DN40 穿墙)
(7)	镀锌铁皮套管制作 DN80	个	9	9(供回水干管 DN50、DN65 穿墙)
(8)	镀锌铁皮套管制作 DN25	个	1	1(放气管 DN15 穿墙)
五、其他				
(1)	集气罐制作安装 DN150	个	1	1
(2)	方形伸缩器制作 DN32	个	2	2
(3)	方形伸缩器制作 DN50	个	2	2
(4)	支架制作安装	kg	22.62	管径大于 DN32 的管道支架:6(供暖干管),3(回水干管),3(总立管) 固定支架:315×0.4(支架长度)×3.77(理论质量)=22.62
六、除锈刷油				
(1)	焊接钢管人工除轻锈	m²	41.39	DN15:163.33×0.0213×3.14=10.92 DN20:57.224×0.0268×3.14=4.82 DN25:22.45×0.0335×3.14=2.36 DN32:23.9×0.0423×3.14=3.17 DN40:49.66×0.048×3.14=7.48 DN50:33.39×0.06×3.14=6.29 DN65:26.78×0.0755×3.14=6.35

续上表

序号	项目名称	单位	数量	计算公式
(2)	柱型散热器除锈	m²	126.00	0.28(每片散热面积)×450(总片数)=126.00
(3)	焊接钢管刷防锈漆第一遍	m²	39.90	刷油面积=除锈面积=39.90
(4)	焊接钢管刷银粉漆第一遍	m²	39.90	刷油面积=除锈面积=39.90
(5)	焊接钢管刷银粉漆第二遍	m²	39.90	刷油面积=除锈面积=39.90
(6)	柱型散热器刷防锈漆第一遍	m²	126.00	刷油面积=除锈面积=126.00
(7)	柱型散热器刷银粉漆第一遍	m²	126.00	刷油面积=除锈面积=126.00
(8)	柱型散热器刷银粉漆第二遍	m²	126.00	刷油面积=除锈面积=126.00
(9)	角钢支架人工除轻锈	kg	22.62	除锈工程量=支架质量
(10)	角钢支架刷防锈漆第一遍	kg	22.62	刷油工程量=支架质量
(11)	角钢支架刷银粉漆第一遍	kg	22.62	刷油工程量=支架质量
(12)	角钢支架刷银粉漆第二遍	kg	22.62	刷油工程量=支架质量

表 3-4-2　主材价格表

项目文件:某办公楼采暖工程

序号	名称及规格	单位	数量	预算价	合计(元)
1	集气罐	个	1.00	24.00	24.00
2	型钢∟50×5	kg	23.98	3.10	74.34
3	铸铁散热器 柱型	片	125.24	32.00	4 007.68
4	铸铁散热器 柱型	片	225.27	32.00	7 208.64
5	旋塞阀门 DN15	个	1.01	9.00	9.09
6	螺纹截止阀门 DN20	个	16.16	10.00	161.60
7	螺纹闸阀 DN65	个	2.02	70.00	141.40
8	焊接钢管 DN15	m	166.60	6.50	1 082.90
9	焊接钢管 DN20	m	58.36	9.50	554.42
10	焊接钢管 DN25	m	22.90	13.00	297.70
11	焊接钢管 DN32	m	24.38	26.00	633.88
12	焊接钢管 DN40	m	50.65	24.50	1 240.93
13	焊接钢管 DN50	m	34.06	27.00	919.62
14	焊接钢管 DN65	m	27.32	38.00	1 038.16
15	酚醛防锈漆	kg	17.76	11.40	202.46
合计					17 596.82

表 3-4-3　工程预算表

项目文件：某办公楼采暖工程

定额编号	工程项目名称	工程量		定额直接费（元）		其中			未计价材料费				
		单位	工程量	基价	合价	人工费		合价	材料名称	单位	材料用量	单价（元）	合价（元）
						基价	合价						
6-29	集气罐安装 DN150 以内	个	1.000	11.31	11.31	5.67	5.67		集气罐	个	1.00	24.00	24.00
8-98	室内焊接钢管（螺纹连接）DN15 以内	10 m	16.333	90.26	1 474.22	38.43	627.68		焊接钢管 DN15	m	166.60	6.50	1082.90
8-99	室内焊接钢管（螺纹连接）DN20 以内	10 m	5.722	96.16	550.23	38.43	219.90		焊接钢管 DN20	m	58.36	9.50	554.46
8-100	室内焊接钢管（螺纹连接）DN25 以内	10 m	2.245	121.76	273.36	46.20	103.72		焊接钢管 DN25	m	22.90	13.00	297.69
8-101	室内焊接钢管（螺纹连接）DN32 以内	10 m	2.390	127.29	304.22	46.20	110.42		焊接钢管 DN32	m	24.38	26.00	633.83
8-110	室内钢管（焊接）DN40 以内	10 m	4.966	88.37	438.85	38.01	188.76		焊接钢管 DN40	m	50.65	24.50	1 241.00
8-111	室内钢管（焊接）DN50 以内	10 m	3.939	101.08	398.15	41.79	164.61		焊接钢管 DN50	m	34.06	27.00	919.56
8-112	室内钢管（焊接）DN65 以内	10 m	2.828	155.74	440.43	47.04	133.03		焊接钢管 DN65	m	27.32	38.00	1 037.99
8-169	室内镀锌铁皮套管制作 DN25 以内	个	25	2.23	55.75	0.63	15.75						

续上表

定额编号	工程项目名称	工程量		定额直接费（元）		其中 人工费（元）		未计价材料费				
		单位	工程量	基价	合价	基价	合价	材料名称	单位	材料用量	单价（元）	合价（元）
8-170	室内镀锌铁皮套管制作 DN32 以内	个	17	3.97	67.49	1.26	21.42					
8-171	室内镀锌铁皮套管制作 DN40 以内	个	5	3.97	19.85	1.26	6.30					
8-172	室内镀锌铁皮套管制作 DN50 以内	个	3	3.97	11.91	1.26	3.78					
8-173	室内镀锌铁皮套管制作 DN65 以内	个	6	5.95	35.70	1.89	11.34					
8-174	室内镀锌铁皮套管制作 DN80 以内	个	9	5.95	53.55	1.89	17.01					
8-178	管道支架制作安装 一般管架	100 kg	0.226	847.39	191.51	212.94	48.12	型钢∟50×5	kg	23.98	3.10	74.33
8-217	方形伸缩器制作安装 DN32 以内	个	2	49.92	99.84	12.81	25.62					
8-219	方形伸缩器制作安装 DN50 以内	个	2	80.42	160.84	20.16	40.32					
8-241	螺纹阀 DN15 以内	个	1	6.8	6.80	2.10	2.10	旋塞阀门 DN15	个	1.01	9.00	9.09
8-242	螺纹阀 DN20 以内	个	16	8.2	131.20	2.10	33.60	螺纹截止阀门 DN20	个	16.16	10.00	161.60

续上表

定额编号	工程项目名称	工程量		定额直接费(元)		其中 人工费(元)		未计价材料费				
		单位	工程量	基价	合价	基价	合价	材料名称	单位	材料用量	单价(元)	合价(元)
8-247	螺纹阀DN65以内安装	个	2	33.39	66.78	7.77	15.54	螺纹闸阀DN65	个	2.02	70.00	141.40
8-490	铸铁散热器组成安装	10片	12.400	59.78	741.27	12.81	158.84	铸铁散热器M132	片	125.24	32.00	4007.68
8-491	柱型铸铁散热器组成安装	10片	32.600	118.24	3854.62	8.69	283.29	铸铁散热器柱型	片	225.27	32.00	7208.51
11-1	手工除锈管道轻锈	10m²	4.139	16.18	66.97	7.14	29.55					
11-7	手工除锈角钢支架轻锈	100kg	0.226	22.25	5.03	7.14	1.61					
11-4	手工除锈散热器轻锈	10 m²	12.600	17.02	214.45	7.56	95.26					
11-53	管道刷油防锈漆第一遍	10 m²	4.139	12.44	51.49	5.67	23.47	酚醛防锈漆	kg	5.16	11.40	58.83
11-56	管道刷油银粉漆第一遍	10 m²	4.139	16.28	67.38	5.88	24.34	酚醛清漆	kg	1.42	9.24	13.10
11-57	管道刷油银粉漆第二遍	10 m²	4.139	15.44	63.91	5.67	23.47	酚醛清漆	kg	1.30	9.24	12.01
11-198	铸铁暖气片刷油防锈漆第一遍	10 m²	12.600	15.01	189.13	6.93	87.32	酚醛防锈漆	kg	12.60	11.40	143.64

续上表

定额编号	工程项目名称	工程量		定额直接费（元）		其中			未计价材料费				
		单位	工程量	基价	合价	人工费		材料名称	单位	材料用量	单价（元）	合价（元）
						基价	合价					
11-200	铸铁暖气片刷油银粉漆第一遍	10 m²	12.600	19.32	243.43	7.14	89.96	酚醛清漆	kg	5.40	9.24	49.90
11-201	铸铁暖气片刷油银粉漆第二遍	10 m²	12.600	18.3	230.58	6.93	87.32	酚醛清漆	kg	4.92	9.24	45.46
	系统调整费	元	1	379.76	379.76	63.35	63.35					
	脚手架搭拆费	元	1	131.83	131.83	26.39	26.39					
	合计	元			11 031.84		2 788.86					17 716.98

表 3-4-4 工程取费表

工程名称:某办公楼采暖工程

序号	费用名称	取费基数	费率(%)	金额(元)
1	综合计价合计	∑(分项工程量×分项子目综合基价)		11 031.84
2	计价中人工费合计	∑(分项工程量×分项子目综合基价中人工费)		2 788.86
3	未计价材料费用	主材费合计		17 716.98
4	施工措施费	5+6		
5	施工技术措施费	其费用包含在 1 中		
6	施工组织措施费			
7	安全文明施工增加费	(人工费合计)×7%	7.00	195.22
8	差价	9 + 10 + 11		
9	人工费差价	不调整		
10	材料差价	不调整		
11	机械差价	不调整		
12	专项费用	13 + 14		948.21
13	社会保险费	2 ×33%	33.00	920.32
14	工程定额测定费	2 ×1%	1.00	27.89
15	工程成本	1 + 3 + 4 + 8 + 12		29 697.03
16	利润	2 ×38%	38.00	1 059.77
17	其他项目费	其他项目费		
18	税金	15 + 16 + 17 ×3.413%	3.413	1 049.73
19	工程造价	15 + 16 + 17 + 18		31 806.53
含税工程造价:叁万壹仟捌佰零陆元伍角叁分				31 806.53

参 考 文 献

[1]中华人民共和国住房和城乡建设部.GB 50500—2013 建筑工程工程量清单计价规范[S].北京：中国计划出版社.2013.

[2]中华人民共和国住房和城乡建设部.GB 50353—2005 建筑工程建筑面积计算规范[S].北京：中国计划出版社.2005.

[3]中华人民共和国住房和城乡建设部.GB 50856—2013 通用安装工程工程量计算规范[S].北京：中国计划出版社.2013.

[4]规范编制组.建设工程计价计量规范辅导[M].北京：中国计划出版社,2013.

[5]中国建设工程造价管理协会.建设工程造价管理理论与实务(一)[M].北京：中国计划出版社,2008.

[6]中国建设工程造价管理协会.建设项目投资估算编审规程[M].北京：中国计划出版社,2007.

[7]全国注册咨询工程师(投资)资格考试专家委员会.项目决策分析与评价[M].北京：中国计划出版社,2007.

[8]国家发展和改革委员会,建设部.建设项目经济评价方法与参数(第三版)[M].北京：中国计划出版社,2006.

[9]中国建设工程造价管理协会.建设项目设计概算编审规程[M].北京：中国计划出版社,2007.

[10]李建峰.工程定额原理[M].北京：人民交通出版社,2008.

[11]马楠.工程估价[M].北京：人民交通出版社,2007.

[12]柯洪.全国造价工程师执业资格考试培训教材:工程造价计价与控制[M].北京：中国计划出版社,2009.

[13]姜早龙,宁艳芳,徐玉堂.施工企业定额编制与应用指南[M].大连：大连理工大学出版社,2005.

[14]严玲,尹贻林.工程估价学[M].北京：人民交通出版社,2007.

[15]马楠.建设工程造价管理[M].北京：清华大学出版社,2006.

[16]张凌云.工程造价控制[M].上海：东华大学出版社,2008.